아이가 주인공인 책

아이는 스스로 생각하고 성장합니다.
아이를 존중하고 가능성을 믿을 때
새로운 문제들을 스스로 해결해 나갈 수 있습니다.

<기적의 학습서>는 아이가 주인공인 책입니다.
탄탄한 실력을 만드는 체계적인 학습법으로
아이의 공부 자신감을 높여줍니다.

가능성과 꿈을 응원해 주세요.
아이가 주인공인 분위기를 만들어 주고,
작은 노력과 땀방울에 큰 박수를 보내 주세요.
<기적의 학습서>가 자녀교육에 힘이 되겠습니다.

이름

의 학습 다짐

기적의 계산법을 언제 어떻게 공부할지
스스로 약속하고 실천해요!

1 나는 하루에 기적의 계산법 얼마나? 장을 풀 거야.

내가 지킬 수 있는 공부량을 스스로 정해보세요. 하루에 한 장을
풀면 좋지만, 빨리 책 한 권을 끝내고 싶다면 2장씩 풀어도 좋아요.

2 나는 매일 언제?

에 공부할 거야.

아침 먹고 학교 가기 전이나 저녁 먹은 후에 해도 좋고, 학원 가기
전도 좋아요. 되도록 같은 시간에, 스스로 정한 양을 풀어 보세요.

3 딴짓은 No! 연산에만 딱 집중할 거야.

과자 먹으면서? No! 엄마와 얘기하면서? No!
한 장을 집중해서 풀면 30분도 안 걸려요. 책상에 바르게 앉아
오늘 풀어야 할 목표량을 해치우세요.

4 문제 하나하나 바르게 풀 거야.

느리더라도 자신의 속도대로 정확하게 푸는 것이 중요해요.
처음부터 암산하지 말고, 자연스럽게 암산이 가능할 때까지
훈련하면 문제를 푸는 시간은 저절로 줄어들어요.

1단계	공부한 날짜	A	평균 시간 : 1분 30초		B	평균 시간 : 1분 20초	
			걸린 시간	맞은 개수		걸린 시간	맞은 개수
1일차	/		분 초	/15		분 초	/15
2일차	/		분 초	/15		분 초	/15
3일차	/		분 초	/15		분 초	/15
4일차	/		분 초	/15		분 초	/15
5일차	/		분 초	/15		분 초	/15

2단계	공부한 날짜	A	평균 시간 : 1분 50초		B	평균 시간 : 1분 50초	
			걸린 시간	맞은 개수		걸린 시간	맞은 개수
1일차	/		분 초	/30		분 초	/30
2일차	/		분 초	/30		분 초	/30
3일차	/		분 초	/30		분 초	/30
4일차	/		분 초	/30		분 초	/30
5일차	/		분 초	/30		분 초	/30

3단계	공부한 날짜	A	평균 시간 : 2분		B	평균 시간 : 2분	
			걸린 시간	맞은 개수		걸린 시간	맞은 개수
1일차	/		분 초	/30		분 초	/25
2일차	/		분 초	/30		분 초	/25
3일차	/		분 초	/30		분 초	/25
4일차	/		분 초	/30		분 초	/25
5일차	/		분 초	/30		분 초	/25

4단계	공부한 날짜	A	평균 시간 : 2분 10초		B	평균 시간 : 1분 30초	
			걸린 시간	맞은 개수		걸린 시간	맞은 개수
1일차	/		분 초	/30		분 초	/24
2일차	/		분 초	/30		분 초	/24
3일차	/		분 초	/30		분 초	/24
4일차	/		분 초	/30		분 초	/24
5일차	/		분 초	/30		분 초	/24

5단계	공부한 날짜	A	평균 시간 : 2분 10초		B	평균 시간 : 2분 20초	
			걸린 시간	맞은 개수		걸린 시간	맞은 개수
1일차	/		분 초	/20		분 초	/20
2일차	/		분 초	/20		분 초	/20
3일차	/		분 초	/20		분 초	/20
4일차	/		분 초	/20		분 초	/20
5일차	/		분 초	/20		분 초	/20

6단계	공부한 날짜	A	평균 시간 : 1분 40초		B	평균 시간 : 1분 30초	
			걸린 시간	맞은 개수		걸린 시간	맞은 개수
1일차	/		분 초	/30		분 초	/24
2일차	/		분 초	/30		분 초	/24
3일차	/		분 초	/30		분 초	/24
4일차	/		분 초	/30		분 초	/24
5일차	/		분 초	/30		분 초	/24

7단계	공부한 날짜	A	평균 시간 : 2분 10초		B	평균 시간 : 2분 40초	
			걸린 시간	맞은 개수		걸린 시간	맞은 개수
1일차	/		분 초	/24		분 초	/30
2일차	/		분 초	/24		분 초	/30
3일차	/		분 초	/24		분 초	/30
4일차	/		분 초	/24		분 초	/30
5일차	/		분 초	/24		분 초	/30

8단계	공부한 날짜	A	평균 시간 : 2분		B	평균 시간 : 2분 20초	
			걸린 시간	맞은 개수		걸린 시간	맞은 개수
1일차	/		분 초	/24		분 초	/30
2일차	/		분 초	/24		분 초	/30
3일차	/		분 초	/24		분 초	/30
4일차	/		분 초	/24		분 초	/30
5일차	/		분 초	/24		분 초	/30

9단계	공부한 날짜	A	평균 시간 : 3분 50초		B	평균 시간 : 4분 50초	
			걸린 시간	맞은 개수		걸린 시간	맞은 개수
1일차	/		분 초	/24		분 초	/30
2일차	/		분 초	/24		분 초	/30
3일차	/		분 초	/24		분 초	/30
4일차	/		분 초	/24		분 초	/30
5일차	/		분 초	/24		분 초	/30

10단계	공부한 날짜	A	걸린 시간	맞은 개수	B	걸린 시간	맞은 개수
1일차	/		분 초	/5		분 초	/16
2일차	/		분 초	/5		분 초	/16
3일차	/		분 초	/5		분 초	/16
4일차	/		분 초	/5		분 초	/16
5일차	/		분 초	/16		분 초	/3

※10단계는 매일 다른 내용으로 공부해요. 시간을 재는 것보다 방정식에 익숙해지는 연습을 하세요.

나만의
학습 기록표

책상 위에, 냉장고에, 어디든 내 손이 닿는 곳에 붙여 두세요.

매일매일 공부하면서 걸린 시간과 맞은 개수를 기록하면

어제보다, 지난주보다, 지난달보다 한 뼘 자란 내 실력을 알 수 있어요.

길벗스쿨

기적의 계산법

초등1학년

1권

기적의 계산법 · 1권

초판 발행 2021년 12월 20일
초판 10쇄 2024년 7월 31일

지은이 기적학습연구소
발행인 이종원
발행처 길벗스쿨
출판사 등록일 2006년 7월 1일
주소 서울시 마포구 월드컵로 10길 56(서교동)
대표 전화 02)332-0931 | **팩스** 02)333-5409
홈페이지 school.gilbut.co.kr | **이메일** gilbut@gilbut.co.kr

기획 이선정(dinga@gilbut.co.kr) | **편집진행** 이선정, 홍현경
제작 이준호, 손일순, 이진혁 | **영업마케팅** 문세연, 박선경, 박다슬 | **웹마케팅** 박달님, 이재윤, 이지수, 나혜연
영업관리 김명자, 정경화 | **독자지원** 윤정아
디자인 정보라 | **표지 일러스트** 김다예 | **본문 일러스트** 김지하
전산편집 글사랑 | **CTP 출력·인쇄·제본** 예림인쇄

ISBN 979-11-6406-398-7 64410
(길벗 도서번호 10809)

정가 9,000원

독자의 1초를 아껴주는 정성 **길벗출판사**

길벗스쿨 | 국어학습서, 수학학습서, 유아학습서, 어학학습서, 어린이교양서, 교과서 school.gilbut.co.kr
길벗 | IT실용서, IT/일반 수험서, IT전문서, 경제실용서, 취미실용서, 건강실용서, 자녀교육서 www.gilbut.co.kr
더퀘스트 | 인문교양서, 비즈니스서
길벗이지톡 | 어학단행본, 어학수험서

연산, 왜 해야 하나요?

"계산은 계산기가 하면 되지,
다 아는데 이 지겨운 걸 계속 풀어야 해?"
아이들은 자주 이렇게 말해요. 연산 훈련, 꼭 시켜야 할까요?

1. 초등수학의 80%, 연산

초등수학의 5개 영역 중에서 가장 많은 부분을 차지하는 것이 바로 수와 연산입니다. 절반 정도를 차지하고 있어요.

그런데 곰곰이 생각해 보면 도형, 측정 영역에서 길이의 덧셈과 뺄셈, 시간의 합과 차, 도형의 둘레와 넓이처럼

다른 영역의 문제를 풀 때도 마지막에는 연산 과정이 있죠.

이때 연산이 충분히 훈련되지 않으면 문제를 끝까지 해결하기 어려워집니다.

초등학교 수학의 핵심은 연산입니다. 연산을 잘하면 수학이 재미있어지고 점점 자신감이 붙어서 수학을 잘할 수 있어요.

연산 훈련으로 아이의 '수학자신감'을 키워주세요.

2. 아깝게 틀리는 이유, 계산 실수 때문에!
시험 시간이 부족한 이유, 계산이 느려서!

1, 2학년의 연산은 눈으로도 풀 수 있는 문제가 많아요. 하지만 고학년이 될수록 연산은 점점 복잡해지고,

한 문제를 풀기 위해 거쳐야 하는 연산 횟수도 훨씬 많아집니다. 중간에 한 번만 실수해도 문제를 틀리게 되죠.

아이가 작은 연산 실수로 문제를 틀리는 것만큼 안타까울 때가 또 있을까요?

어려운 글도 잘 이해했고, 식도 잘 세웠는데 아주 작은 실수로 문제를 틀리면 엄마도 속상하고, 아이는 더 속상하죠.

게다가 고학년일수록 수학이 더 어려워지기 때문에 계산하는 데 시간이 오래 걸리면 정작 문제를 풀 시간이 부족하고,

급한 마음에 실수도 종종 생깁니다.

가볍게 생각하고 그대로 방치하면 중·고등학생이 되었을 때 이 부분이 수학 공부에 치명적인 약점이 될 수 있어요.

공부할 내용은 늘고 시험 시간은 줄어드는데, 절차가 많고 복잡한 문제를 해결할 시간까지 모자랄 수 있으니까요.

연산은 쉽더라도 정확하게 푸는 반복 훈련이 꼭 필요해요. 처음 배울 때부터 차근차근 실력을 다져야 합니다.

처음에는 느릴 수 있어요. 이제 막 배운 내용이거나 어려운 연산은 손에 익히는 데까지 시간이 필요하지만,

정확하게 푸는 연습을 꾸준히 하면 문제를 푸는 속도는 자연스럽게 빨라집니다.

꾸준한 반복 학습으로 연산의 '정확성'과 '속도' 두 마리 토끼를 모두 잡으세요.

연산, 이렇게 공부하세요.

연산을 왜 해야 하는지는 알겠는데, 어떻게 시작해야 할지 고민되시나요?
연산 훈련을 위한 다섯 가지 방법을 알려 드릴게요.

1 매일 같은 시간, 같은 양을 학습하세요.

공부 습관을 만들 때는 학습 부담을 줄이고 최소한의 시간으로 작게 목표를 잡아서 지금 할 수 있는 것부터 시작하는 것이 좋습니다. 이때 제격인 것이 바로 연산 훈련입니다. '얼마나 많은 양을 공부하는가'보다 '얼마나 꾸준히 했느냐'가 연산 능력을 키우는 가장 중요한 열쇠거든요.

매일 같은 시간, 하루에 10분씩 가벼운 마음으로 연산 문제를 풀어 보세요. 등교 전이나 하교 후, 저녁 먹은 후에 해도 좋아요. 학교 쉬는 시간에 풀 수 있게 책가방 안에 한 장 쏙 넣어줄 수도 있죠. 중요한 것은 매일, 같은 시간, 같은 양으로 아이만의 공부 루틴을 만드는 것입니다. 메인 학습 전에 워밍업으로 활용하면 짧은 시간 몰입하는 집중력이 강화되어 공부 부스터의 역할을 할 수도 있어요.

아이가 자라고, 점점 공부할 양이 늘어나면 가장 중요한 것이 바로 매일 공부하는 습관을 만드는 일입니다. 어릴 때부터 계획하고 실행하는 습관을 만들면 작은 성취감과 자신감이 쌓이면서 다른 일도 해낼 수 있는 내공이 생겨요.

토독, 한 장씩 가볍게!

한 장과 한 권은 아이가 체감하는
부담이 달라요. 학습량에 대한
부담감이 줄어들면 아이의 공부 습관을
더 쉽게 만들 수 있어요.

2 반복 학습으로 '정확성'부터 '속도'까지 모두 잡아요.

피아노 연주를 배운다고 생각해 보세요. 처음부터 한 곡을 아름답게 연주할 수 있나요? 악보를 읽고, 건반을 하나하나 누르는 게 가능해도 각 음을 박자에 맞춰 정확하고 리듬감 있게 멜로디로 연주하려면 여러 번 반복해서 연습하는 과정이 꼭 필요합니다.

수학도 똑같아요. 개념을 알고 문제를 이해할 수 있어도 계산은 꼭 반복해서 훈련해야 합니다. 수나 식을 계산하는 데 시간이 걸리면 문제를 풀 시간이 모자라게 되고, 어려운 풀이 과정을 다 세워놓고도 마지막 단순 계산에서 실수를 하게 될 수도 있어요. 계산 방법을 몰라서 틀리는 게 아니라 절차 수행이 능숙하지 않아서 오작동을 일으키거나 시간이 오래 걸리는 거랍니다. 꾸준하게 같은 난이도의 문제를 충분히 반복하면 실수가 줄어들고, 점점 빠르게 계산할 수 있어요. 정확성과 속도를 높이는 데 중점을 두고 연산 훈련을 해서 수학의 기초를 튼튼하게 다지세요.

One Day 반복 설계

하루 1장, 2가지 유형
동일 난이도로 5일 반복

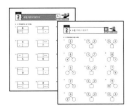

×5

3 반복은 아이 성향과 상황에 맞게 조절하세요.

연산 학습에 반복은 꼭 필요하지만, 아이가 지치고 수학을 싫어하게 만들 정도라면 반복하는 루틴을 조절해 보세요. 아이가 충분히 잘 알고 잘하는 주제라면 반복의 양을 줄일 수도 있고, 매일이 너무 바쁘다면 3일은 연산, 2일은 독해로 과목을 다르게 공부할 수도 있어요. 다만 남은 일차는 계산 실수가 잦을 때 다시 풀어보기로 아이와 약속해 두는 것이 좋아요.

아이의 성향과 현재 상황을 잘 살펴서 융통성 있게 반복하는 '내 아이 맞춤 패턴'을 만들어 보세요.

계산법 맞춤 패턴 만들기

1. 단계별로 3일치만 풀기
3일씩만 풀고, 남은 2일치는 시험 대비나 복습용으로 쓰세요.

2. 2단계씩 묶어서 반복하기
1, 2단계를 3일치씩 풀고 다시 1단계로 돌아가 남은 2일치를 풀어요. 교차학습은 지식을 좀더 오래 기억할 수 있도록 하죠.

4 응용 문제를 풀 때 필요한 연산까지 연습하세요.

연산 훈련을 충분히 하더라도 실제로 학교 시험에 나오는 문제를 보면 당황할 수 있어요. 아이들은 문제의 꼴이 조금만 달라져도 지레 겁을 냅니다.

특히 모르는 수를 □로 놓고 식을 세워야 하는 문장제가 학교 시험에 나오면 아이들은 당황하기 시작하죠. 아이 입장에서 기초 연산으로 해결할 수 없는 □ 자체가 낯설고 어떻게 풀어야 할지 고민될 수 있습니다.

이럴 때는 식 4+□=7을 7-4=□로 바꾸는 것에 익숙해지는 연습해 보세요. 학교에서 알려주지 않지만 응용 문제에는 꼭 필요한 □가 있는 식을 훈련하면 연산에서 응용까지 쉽게 연결할 수 있어요. 스스로 세수를 하고 싶지만 세면대가 너무 높은 아이를 위해 작은 계단을 놓아준다고 생각하세요.

초등 방정식 훈련

초등학생 눈높이에 맞는 □가 있는 식 바꾸기 훈련으로 한 권을 마무리하세요. 문장제처럼 다양한 연산 활용 문제를 푸는 밑바탕을 만들 수 있어요.

5 아이 스스로 계획하고, 실천해서 자기공부력을 쑥쑥 키워요.

백 명의 아이들은 제각기 백 가지 색깔을 지니고 있어요. 아이가 승부욕이 있다면 시간 재기를, 계획 세우는 것을 좋아한다면 스스로 약속을 할 수 있게 돕는 것도 좋아요. 아이와 많은 이야기를 나누면서 공부가 되는 시간, 환경, 동기 부여 방법 등을 살펴보고 주도적으로 실천할 수 있는 분위기를 만드는 것이 중요합니다.

아이 스스로 계획하고 실천하면 오늘 약속한 것을 모두 끝냈다는 작은 성취감을 가질 수 있어요. 자기 공부에 대한 책임감도 생깁니다. 자신만의 공부 스타일을 찾고, 주도적으로 실천해야 자기공부력을 키울 수 있어요.

나만의 학습 기록표

잘 보이는 곳에 붙여놓고 주도적으로 실천해요. 어제보다, 지난주보다, 지난달보다 나아진 실력을 보면서 뿌듯함을 느껴보세요!

권별 학습 구성

<기적의 계산법>은 유아 단계부터 초등 6학년까지로 구성된 연산 프로그램 교재입니다.
권별, 단계별 내용을 한눈에 확인하고,
유아부터 초등까지 <기적의 계산법>으로 공부하세요.

· 차례 ·

1 단계

수를 가르고 모으기

▶ 학습계획 : 매일 공부할 날짜를 정하고, 계획에 맞게 공부하세요.

일차	1일차	2일차	3일차	4일차	5일차
날짜	/	/	/	/	/

▶ 학습연계 : 지금 무엇을 배우는지 확인하고, 앞으로 배울 단계를 살펴보세요.

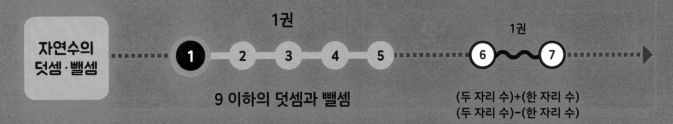

자연수의
덧셈·뺄셈

1권

① ② ③ ④ ⑤

9 이하의 덧셈과 뺄셈

1권

⑥ ⑦

(두 자리 수)+(한 자리 수)
(두 자리 수)−(한 자리 수)

1 수를 가르고 모으기

수 가르기 = 하나의 수를 여러 수로 쪼개기

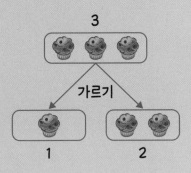

'수를 가르기 한다'는 말은
하나의 수를 작은 수들로 쪼갠다는 뜻이에요.
예를 들어 빵 3개를 나와 동생이 나누어 먹는다면
내가 1개, 동생이 2개 먹을 수도 있고,
내가 2개, 동생이 1개 먹을 수도 있어요.
빵 3개를 1개와 2개 또는 2개와 1개로 가르기 한 것입니다.
즉, 3은 1과 2 또는 2와 1로 가르기 할 수 있어요.

수 모으기 = 여러 수를 하나의 수로 뭉치기

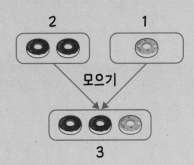

'수를 모으기 한다'는 말은
수들을 모아 하나의 수로 만드는 거예요.
예를 들어 빵을 동생이 2개, 내가 1개 먹었다면
두 사람이 먹은 빵은 모두 3개가 되겠죠.
빵 3개는 빵 2개와 1개를 모으기 한 것입니다.
즉, 2와 1을 모으기 하면 3이 된다는 뜻이랍니다.

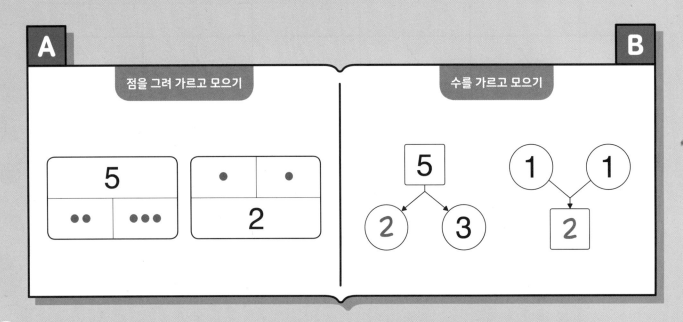

수를 가르고 모으기

★ 빈 곳에 알맞게 ●을 그리세요.

①

②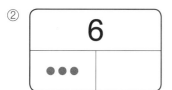

③

④

⑤

⑥

⑦

⑧

⑨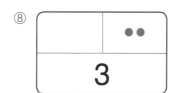

⑩

⑪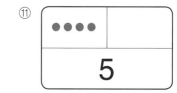

⑫

⑬

⑭

⑮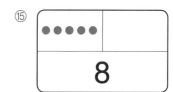

★ 빈 곳에 알맞은 수를 쓰세요.

①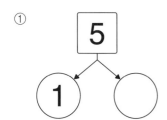

②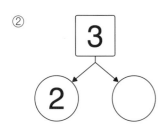

③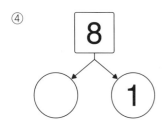

④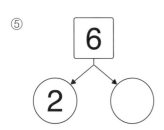

⑤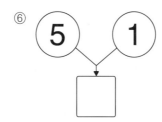

⑥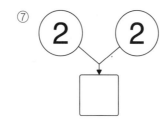

⑦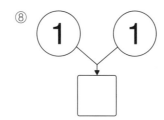

⑧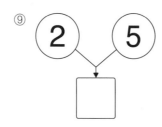

⑨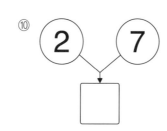

⑩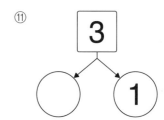

⑪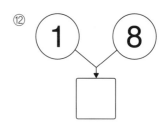

⑫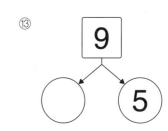

⑬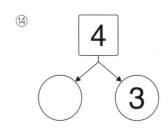

⑭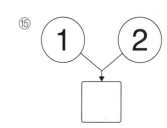

★ 빈 곳에 알맞게 ●을 그리세요.

①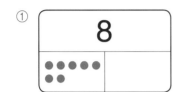

②

③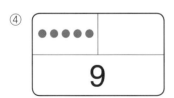

⑥

⑦

⑧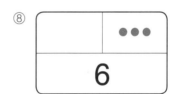

⑪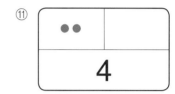

⑫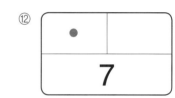

⑬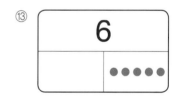

④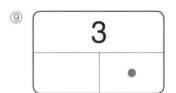

⑤

⑨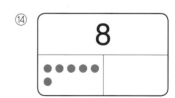

⑩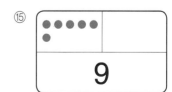

★ 빈 곳에 알맞은 수를 쓰세요.

①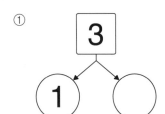

②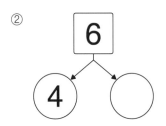

③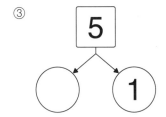

④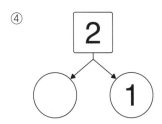

⑤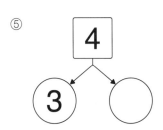

⑥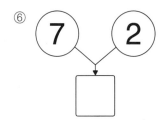

⑦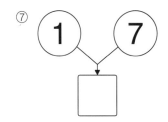

⑧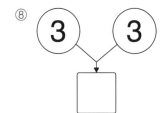

⑨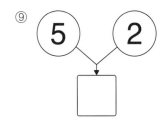

⑩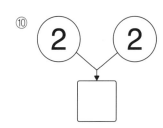

⑪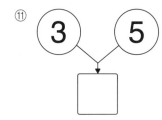

⑫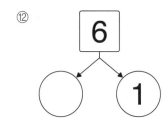

⑬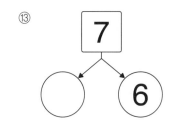

⑭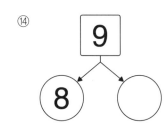

⑮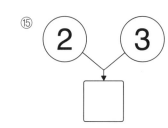

★ 빈 곳에 알맞게 ●을 그리세요.

①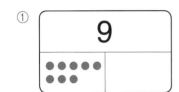

②

③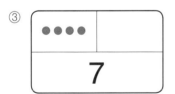

④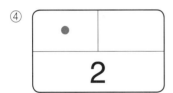

⑤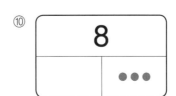

⑥

⑦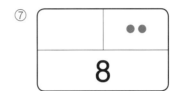

⑧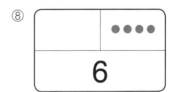

⑨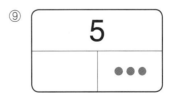

⑩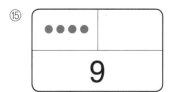

⑪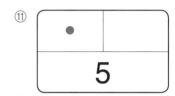

⑫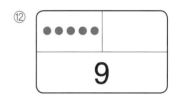

⑬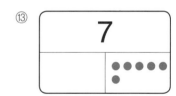

⑭

⑮

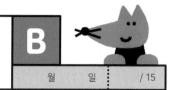
★ 빈 곳에 알맞은 수를 쓰세요.

①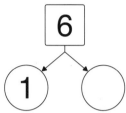

②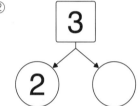

③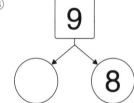

④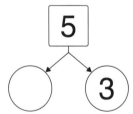

⑤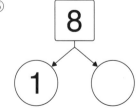

⑥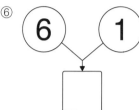

⑦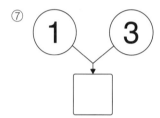

⑧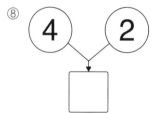

⑨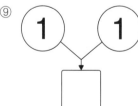

⑩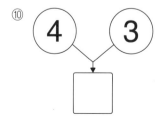

⑪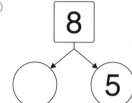

⑫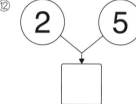

⑬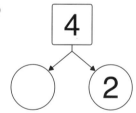

⑭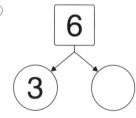

⑮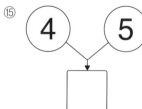

★ 빈 곳에 알맞게 ●을 그리세요.

①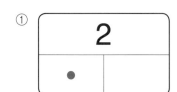

②

③

④

⑤

⑥

⑦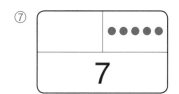

⑧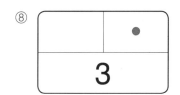

⑨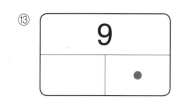

⑩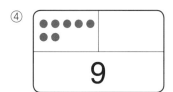

⑪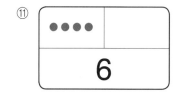

⑫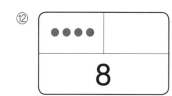

⑬

⑭

⑮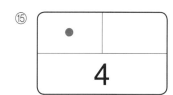

★ 빈 곳에 알맞은 수를 쓰세요.

①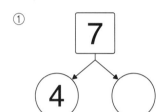

②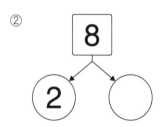

③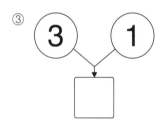

④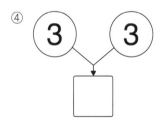

⑤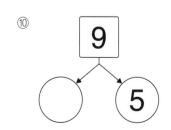

⑥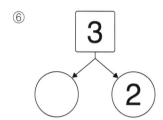

⑦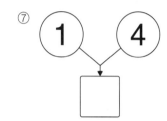

⑧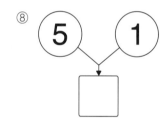

⑨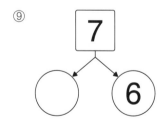

⑩

⑪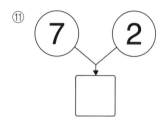

⑫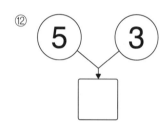

⑬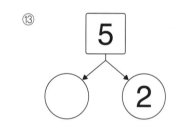

⑭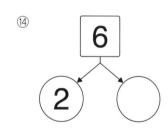

⑮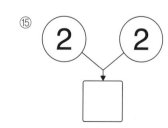

★ 빈 곳에 알맞게 ●을 그리세요.

①

⑥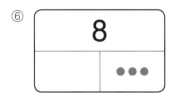

⑪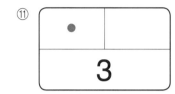

②

⑦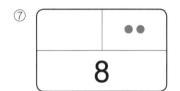

⑫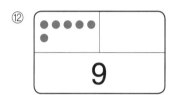

③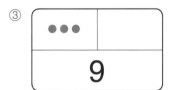

⑧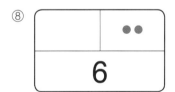

⑬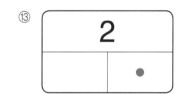

④

⑨

⑭

⑤

⑩

⑮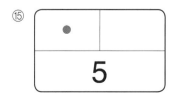

★ 빈 곳에 알맞은 수를 쓰세요.

①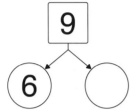

②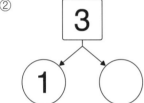

③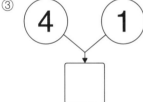

④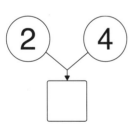

⑤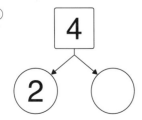

⑥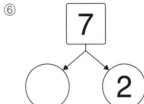

⑦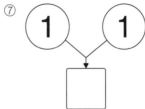

⑧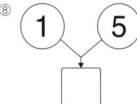

⑨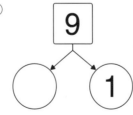

⑩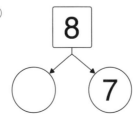

⑪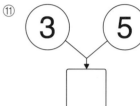

⑫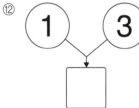

⑬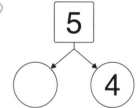

⑭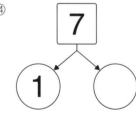

⑮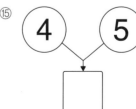

2
단계

합이 9까지인 덧셈

▶ **학습계획 :** 매일 공부할 날짜를 정하고, 계획에 맞게 공부하세요.

일차	1일차	2일차	3일차	4일차	5일차
날짜	/	/	/	/	/

▶ **학습연계 :** 지금 무엇을 배우는지 확인하고, 앞으로 배울 단계를 살펴보세요.

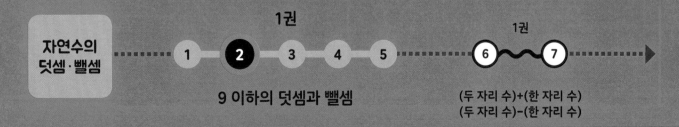

1권

자연수의
덧셈 · 뺄셈

1 — ❷ — 3 — 4 — 5 ⋯⋯ 6 ～ 7 ⟶

9 이하의 덧셈과 뺄셈

1권

(두 자리 수)+(한 자리 수)
(두 자리 수)-(한 자리 수)

 ② # 합이 9까지인 덧셈

덧셈은 모으기로 생각해요.

사과 2개와 귤 3개를 모으기 하면 과일은 모두 5개예요.

이렇게 수를 모으기 하여 모두 몇인지 알아보는 것을 덧셈이라고 해요.

1단계에서 공부한 '수 모으기'와 같은 거예요.

덧셈에서 '모으기', '더하기'라는 말 대신 '+' 기호를 사용하여 나타내면 덧셈식이 됩니다.

그리고 모두 몇인지 더한 결과를 '=' 기호 옆에 쓰고, '합'이라고 부른답니다.

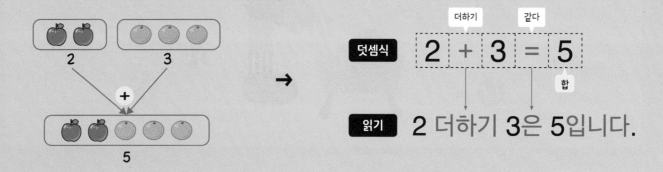

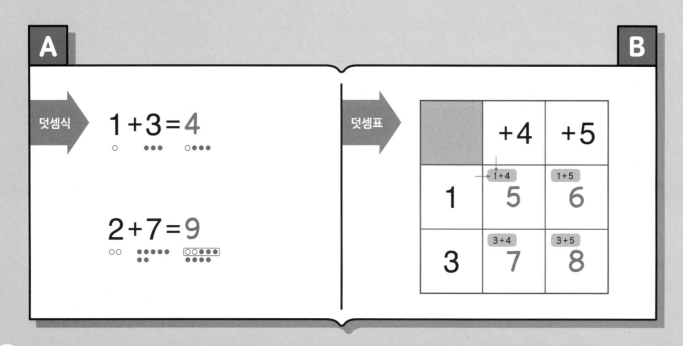

① 2 + 5 =

② 1 + 1 =

③ 3 + 4 =

④ 7 + 1 =

⑤ 5 + 3 =

⑥ 1 + 6 =

⑦ 4 + 3 =

⑧ 1 + 8 =

⑨ 2 + 1 =

⑩ 8 + 1 =

⑪ 4 + 0 =

⑫ 2 + 6 =

⑬ 6 + 3 =

⑭ 3 + 2 =

⑮ 1 + 5 =

⑯ 3 + 3 =

⑰ 1 + 7 =

⑱ 3 + 5 =

⑲ 4 + 2 =

⑳ 3 + 1 =

㉑ 1 + 2 =

㉒ 4 + 5 =

㉓ 1 + 4 =

㉔ 5 + 2 =

㉕ 2 + 7 =

㉖ 0 + 4 =

㉗ 6 + 1 =

㉘ 2 + 3 =

㉙ 5 + 1 =

㉚ 2 + 2 =

아래의 수에 위의 수를 더하세요!	+0	+3	+4	+2	+1
2	2 + 0				
1					
4					
3					
0					
5					

① 1 + 1 =

② 2 + 4 =

③ 0 + 8 =

④ 3 + 2 =

⑤ 4 + 2 =

⑥ 3 + 6 =

⑦ 0 + 1 =

⑧ 1 + 7 =

⑨ 3 + 5 =

⑩ 2 + 1 =

⑪ 5 + 2 =

⑫ 7 + 1 =

⑬ 5 + 1 =

⑭ 4 + 4 =

⑮ 2 + 6 =

⑯ 2 + 5 =

⑰ 6 + 1 =

⑱ 7 + 2 =

⑲ 1 + 5 =

⑳ 6 + 2 =

㉑ 1 + 4 =

㉒ 5 + 3 =

㉓ 8 + 1 =

㉔ 3 + 1 =

㉕ 2 + 2 =

㉖ 1 + 8 =

㉗ 3 + 4 =

㉘ 1 + 2 =

㉙ 4 + 1 =

㉚ 5 + 4 =

아래의 수에 위의 수를 더하세요!	+4	+0	+1	+3	+2
1	1 + 4				
5					
0					
3					
2					
4					

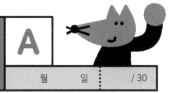
① 8 + 1 =

② 4 + 2 =

③ 5 + 0 =

④ 4 + 3 =

⑤ 1 + 6 =

⑥ 2 + 4 =

⑦ 2 + 2 =

⑧ 4 + 5 =

⑨ 3 + 1 =

⑩ 7 + 1 =

⑪ 2 + 5 =

⑫ 1 + 5 =

⑬ 5 + 2 =

⑭ 3 + 6 =

⑮ 1 + 2 =

⑯ 5 + 3 =

⑰ 2 + 3 =

⑱ 3 + 5 =

⑲ 1 + 8 =

⑳ 2 + 6 =

㉑ 3 + 4 =

㉒ 1 + 1 =

㉓ 4 + 4 =

㉔ 7 + 2 =

㉕ 4 + 1 =

㉖ 2 + 7 =

㉗ 9 + 0 =

㉘ 3 + 3 =

㉙ 6 + 2 =

㉚ 1 + 3 =

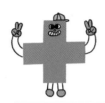

아래의 수에 위의 수를 더하세요!	+3	+1	+0	+4	+2
3	3 + 3				
1					
5					
2					
0					
4					

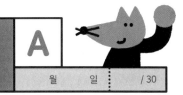
① 2 + 4 =

② 5 + 2 =

③ 3 + 5 =

④ 3 + 3 =

⑤ 2 + 3 =

⑥ 6 + 1 =

⑦ 1 + 5 =

⑧ 0 + 6 =

⑨ 4 + 2 =

⑩ 5 + 4 =

⑪ 4 + 5 =

⑫ 8 + 1 =

⑬ 2 + 6 =

⑭ 1 + 4 =

⑮ 4 + 4 =

⑯ 1 + 3 =

⑰ 4 + 3 =

⑱ 1 + 8 =

⑲ 2 + 1 =

⑳ 7 + 2 =

㉑ 6 + 3 =

㉒ 2 + 7 =

㉓ 1 + 1 =

㉔ 3 + 2 =

㉕ 2 + 5 =

㉖ 1 + 2 =

㉗ 1 + 7 =

㉘ 3 + 6 =

㉙ 5 + 1 =

㉚ 1 + 6 =

아래의 수에 위의 수를 더하세요!	+2	+4	+3	+0	+1
5	5 + 2				
3					
1					
0					
4					
2					

① 3 + 2 =

② 5 + 4 =

③ 7 + 1 =

④ 5 + 3 =

⑤ 1 + 5 =

⑥ 4 + 1 =

⑦ 8 + 1 =

⑧ 3 + 6 =

⑨ 2 + 3 =

⑩ 3 + 1 =

⑪ 2 + 0 =

⑫ 2 + 4 =

⑬ 6 + 3 =

⑭ 2 + 5 =

⑮ 4 + 2 =

⑯ 1 + 2 =

⑰ 7 + 2 =

⑱ 2 + 1 =

⑲ 1 + 3 =

⑳ 1 + 6 =

㉑ 1 + 1 =

㉒ 6 + 2 =

㉓ 4 + 5 =

㉔ 5 + 1 =

㉕ 2 + 2 =

㉖ 4 + 3 =

㉗ 6 + 1 =

㉘ 1 + 7 =

㉙ 1 + 8 =

㉚ 3 + 5 =

아래의 수에 위의 수를 더하세요!	+1	+4	+0	+2	+3
4	4+1				
2					
0					
1					
3					
5					

차가 9까지인 뺄셈

▶ 학습계획 : 매일 공부할 날짜를 정하고, 계획에 맞게 공부하세요.

일차	1일차	2일차	3일차	4일차	5일차
날짜	/	/	/	/	/

▶ 학습연계 : 지금 무엇을 배우는지 확인하고, 앞으로 배울 단계를 살펴보세요.

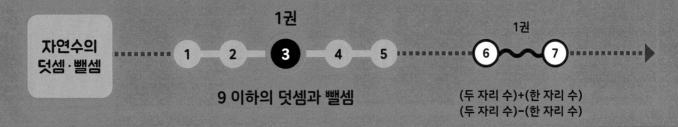

자연수의
덧셈 · 뺄셈

1권

1 — 2 — **3** — 4 — 5 · · · · · 6 ～ 7 · · · ·

9 이하의 덧셈과 뺄셈

1권

(두 자리 수)+(한 자리 수)
(두 자리 수)-(한 자리 수)

③ 차가 9까지인 뺄셈

뺄셈은 가르기로 생각해요.

덧셈이 수를 모으기 하는 것이라면 뺄셈은 전체에서 일부를 덜고 남은 것을 구하는 거예요.

접시에 있는 귤 5개에서 2개를 덜어 내면 귤은 3개 남아요.
이렇게 전체에서 한 수를 빼고 남은 한 수를 구하는 것을 뺄셈이라고 해요.
1단계에서 공부한 '수 가르기'와 같은 거예요.

뺄셈에서 '가르기', '빼기'라는 말 대신 '−' 기호를 사용하여 나타내면 뺄셈식이 됩니다.
그리고 전체에서 빼고 남은 수를 '=' 기호 옆에 쓰고, 이 수를 '차'라고 불러요.

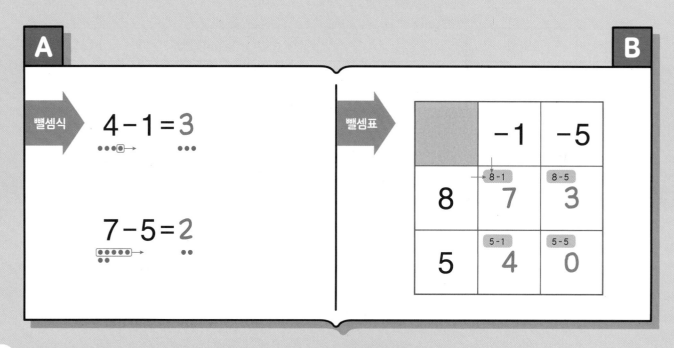

① 8 - 7 =

② 8 - 5 =

③ 6 - 4 =

④ 4 - 1 =

⑤ 5 - 2 =

⑥ 7 - 5 =

⑦ 9 - 3 =

⑧ 3 - 1 =

⑨ 7 - 1 =

⑩ 8 - 2 =

⑪ 6 - 2 =

⑫ 5 - 4 =

⑬ 3 - 2 =

⑭ 9 - 7 =

⑮ 9 - 4 =

⑯ 8 - 4 =

⑰ 7 - 4 =

⑱ 8 - 1 =

⑲ 9 - 5 =

⑳ 5 - 1 =

㉑ 9 - 8 =

㉒ 9 - 6 =

㉓ 4 - 3 =

㉔ 7 - 3 =

㉕ 8 - 6 =

㉖ 6 - 5 =

㉗ 9 - 1 =

㉘ 5 - 3 =

㉙ 6 - 3 =

㉚ 4 - 2 =

아래의 수에서 위의 수를 빼세요!	−1	−3	−0	−4	−5
7	7 - 1				
5					
9					
6					
8					

① 8 - 2 =

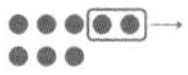

② 5 - 2 =

③ 9 - 7 =

④ 7 - 3 =

⑤ 8 - 6 =

⑥ 4 - 3 =

⑦ 6 - 1 =

⑧ 9 - 2 =

⑨ 5 - 1 =

⑩ 9 - 4 =

⑪ 6 - 3 =

⑫ 4 - 1 =

⑬ 6 - 5 =

⑭ 3 - 2 =

⑮ 7 - 4 =

⑯ 4 - 2 =

⑰ 8 - 1 =

⑱ 6 - 4 =

⑲ 8 - 5 =

⑳ 5 - 3 =

㉑ 9 - 3 =

㉒ 7 - 6 =

㉓ 9 - 8 =

㉔ 8 - 4 =

㉕ 5 - 4 =

㉖ 9 - 6 =

㉗ 2 - 1 =

㉘ 7 - 1 =

㉙ 3 - 1 =

㉚ 9 - 5 =

아래의 수에서 위의 수를 빼세요!	-2	-5	-0	-4	-1
9	9-2				
6					
8					
5					
7					

① 5 − 3 =

② 8 − 3 =

③ 6 − 1 =

④ 9 − 5 =

⑤ 7 − 3 =

⑥ 2 − 1 =

⑦ 8 − 4 =

⑧ 4 − 3 =

⑨ 6 − 2 =

⑩ 9 − 1 =

⑪ 9 − 8 =

⑫ 9 − 7 =

⑬ 7 − 5 =

⑭ 8 − 7 =

⑮ 5 − 1 =

⑯ 6 − 4 =

⑰ 9 − 4 =

⑱ 3 − 1 =

⑲ 7 − 4 =

⑳ 8 − 2 =

㉑ 5 − 4 =

㉒ 4 − 1 =

㉓ 6 − 3 =

㉔ 9 − 3 =

㉕ 8 − 6 =

㉖ 9 − 2 =

㉗ 7 − 1 =

㉘ 9 − 6 =

㉙ 6 − 5 =

㉚ 8 − 5 =

아래의 수에서 위의 수를 빼세요!	−4	−2	−1	−3	−5
8	8-4				
9					
5					
7					
6					

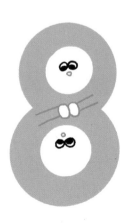

차가 9까지인 뺄셈

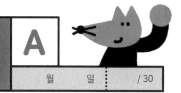

① 9 - 2 =

② 4 - 3 =

③ 2 - 1 =

④ 5 - 3 =

⑤ 7 - 6 =

⑥ 7 - 4 =

⑦ 8 - 1 =

⑧ 9 - 7 =

⑨ 3 - 2 =

⑩ 5 - 4 =

⑪ 6 - 4 =

⑫ 9 - 4 =

⑬ 8 - 4 =

⑭ 9 - 8 =

⑮ 4 - 1 =

⑯ 6 - 2 =

⑰ 8 - 3 =

⑱ 6 - 3 =

⑲ 9 - 1 =

⑳ 7 - 2 =

㉑ 7 - 3 =

㉒ 5 - 1 =

㉓ 4 - 4 =

㉔ 3 - 1 =

㉕ 8 - 5 =

㉖ 9 - 3 =

㉗ 6 - 5 =

㉘ 9 - 6 =

㉙ 7 - 5 =

㉚ 8 - 7 =

아래의 수에서 위의 수를 빼세요!	−5	−3	−1	−0	−2
5	5 - 5				
8					
9					
7					
6					

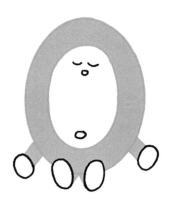

① 4 – 3 =

② 7 – 1 =

③ 9 – 7 =

④ 5 – 4 =

⑤ 7 – 2 =

⑥ 6 – 2 =

⑦ 5 – 1 =

⑧ 9 – 4 =

⑨ 7 – 6 =

⑩ 9 – 3 =

⑪ 6 – 3 =

⑫ 9 – 6 =

⑬ 8 – 7 =

⑭ 8 – 6 =

⑮ 9 – 1 =

⑯ 3 – 2 =

⑰ 7 – 5 =

⑱ 8 – 3 =

⑲ 9 – 5 =

⑳ 8 – 1 =

㉑ 8 – 4 =

㉒ 5 – 2 =

㉓ 4 – 1 =

㉔ 6 – 4 =

㉕ 4 – 2 =

㉖ 8 – 2 =

㉗ 9 – 8 =

㉘ 6 – 1 =

㉙ 5 – 3 =

㉚ 7 – 3 =

아래의 수에서 위의 수를 빼세요!	-0	-4	-5	-2	-3
6	6-0				
8					
9					
5					
7					

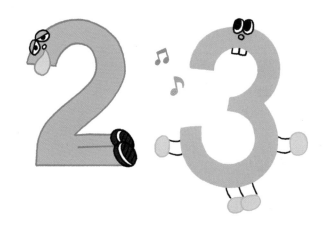

 4 단계

합과 차가 9까지인 덧셈과 뺄셈 종합

▶ 학습계획 : 매일 공부할 날짜를 정하고, 계획에 맞게 공부하세요.

일차	1일차	2일차	3일차	4일차	5일차
날짜	/	/	/	/	/

▶ 학습연계 : 지금 무엇을 배우는지 확인하고, 앞으로 배울 단계를 살펴보세요.

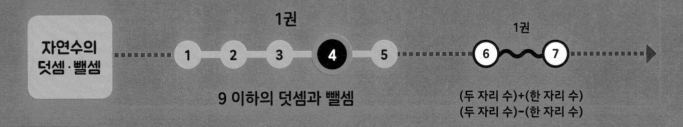

자연수의 덧셈 · 뺄셈

1권

1 · 2 · 3 · **4** · 5

9 이하의 덧셈과 뺄셈

1권

6 — 7

(두 자리 수)+(한 자리 수)
(두 자리 수)-(한 자리 수)

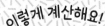

④ 합과 차가 9까지인 덧셈과 뺄셈 종합

연산 기호(+, −)에 주의해요.

2단계에서는 덧셈을, 3단계에서는 뺄셈을 공부했어요.
4단계에서는 덧셈과 뺄셈 문제가 번갈아서 나옵니다. 이때 연산 기호를 잘 살펴서 계산해야 해요.
3+1과 3−1에서 계산하려는 두 수는 3, 1로 같지만 사이에 있는 연산 기호가 서로 달라요.
그래서 계산 결과도 3+1=4, 3−1=2로 서로 다릅니다.
두 수 사이에 있는 연산 기호가 '+'인지, '−'인지 주의하면서 계산합니다.

식을 세로로 바꿔서 계산할 수 있어요.

덧셈식, 뺄셈식을 세로로 바꿔서 나타내고 계산할 수 있어요.
이때 두 수는 줄을 맞추어 위에서부터 쓰고, 계산 결과는 가로선 아래에 줄을 맞추어 씁니다.
세로셈에서 가로선은 가로셈에서 '='과 같은 뜻으로 쓰여요.

가로셈 　4+3=7　　　8−2=6

세로셈

수가 커질수록 세로셈으로 계산하는 방법을 더 자주 써요. 작은 수부터 미리미리 방법을 익혀 두세요.

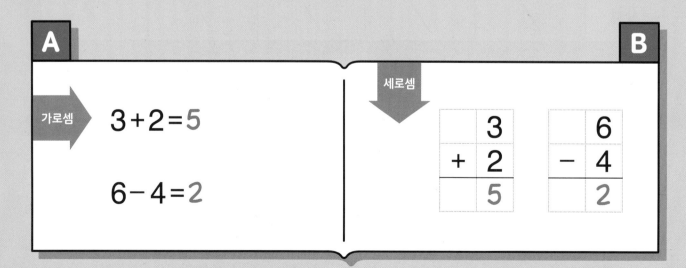

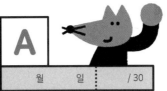
① $2 + 5 =$

② $9 - 1 =$

③ $3 + 3 =$

④ $7 - 6 =$

⑤ $0 + 2 =$

⑥ $1 - 0 =$

⑦ $2 + 7 =$

⑧ $4 - 2 =$

⑨ $7 + 1 =$

⑩ $8 - 1 =$

⑪ $4 + 0 =$

⑫ $6 - 4 =$

⑬ $6 + 3 =$

⑭ $3 - 2 =$

⑮ $8 + 1 =$

⑯ $9 - 3 =$

⑰ $1 + 6 =$

⑱ $8 - 5 =$

⑲ $5 + 4 =$

⑳ $6 - 5 =$

㉑ $2 + 2 =$

㉒ $5 - 5 =$

㉓ $4 + 1 =$

㉔ $5 - 3 =$

㉕ $5 + 2 =$

㉖ $7 - 4 =$

㉗ $3 + 4 =$

㉘ $9 - 0 =$

㉙ $6 + 2 =$

㉚ $2 - 2 =$

①
```
    5
+   1
─────
```

②
```
    4
+   3
─────
```

③
```
    6
+   3
─────
```

④
```
    7
+   0
─────
```

⑤
```
    3
+   6
─────
```

⑥
```
    1
+   4
─────
```

⑦
```
    9
−   6
─────
```

⑧
```
    6
−   5
─────
```

⑨
```
    4
−   2
─────
```

⑩
```
    7
−   1
─────
```

⑪
```
    8
−   8
─────
```

⑫
```
    3
−   2
─────
```

⑬
```
    1
+   1
─────
```

⑭
```
    2
+   4
─────
```

⑮
```
    5
+   3
─────
```

⑯
```
    4
+   5
─────
```

⑰
```
    2
+   1
─────
```

⑱
```
    7
+   2
─────
```

⑲
```
    6
−   2
─────
```

⑳
```
    4
−   3
─────
```

㉑
```
    9
−   0
─────
```

㉒
```
    8
−   3
─────
```

㉓
```
    5
−   4
─────
```

㉔
```
    1
−   1
─────
```

① 7 + 1 =

② 6 - 3 =

③ 0 + 4 =

④ 5 - 2 =

⑤ 8 + 1 =

⑥ 9 - 2 =

⑦ 2 + 0 =

⑧ 3 - 3 =

⑨ 1 + 5 =

⑩ 4 - 0 =

⑪ 2 + 3 =

⑫ 9 - 5 =

⑬ 1 + 6 =

⑭ 3 - 1 =

⑮ 6 + 3 =

⑯ 5 - 4 =

⑰ 0 + 9 =

⑱ 8 - 2 =

⑲ 4 + 2 =

⑳ 7 - 4 =

㉑ 0 + 3 =

㉒ 2 - 1 =

㉓ 7 + 2 =

㉔ 9 - 3 =

㉕ 1 + 4 =

㉖ 4 - 3 =

㉗ 5 + 2 =

㉘ 9 - 1 =

㉙ 3 + 5 =

㉚ 8 - 7 =

①
```
    2
+   6
─────
```

②
```
    7
+   2
─────
```

③
```
    4
+   3
─────
```

④
```
    1
+   1
─────
```

⑤
```
    0
+   8
─────
```

⑥
```
    3
+   5
─────
```

⑦
```
    8
−   5
─────
```

⑧
```
    6
−   4
─────
```

⑨
```
    9
−   6
─────
```

⑩
```
    7
−   7
─────
```

⑪
```
    5
−   1
─────
```

⑫
```
    3
−   1
─────
```

⑬
```
    6
+   2
─────
```

⑭
```
    5
+   0
─────
```

⑮
```
    1
+   3
─────
```

⑯
```
    4
+   4
─────
```

⑰
```
    3
+   3
─────
```

⑱
```
    8
+   1
─────
```

⑲
```
    7
−   6
─────
```

⑳
```
    8
−   7
─────
```

㉑
```
    4
−   1
─────
```

㉒
```
    5
−   2
─────
```

㉓
```
    9
−   4
─────
```

㉔
```
    2
−   0
─────
```

① 0 + 7 =

② 6 − 2 =

③ 1 + 8 =

④ 5 − 4 =

⑤ 4 + 3 =

⑥ 9 − 3 =

⑦ 3 + 2 =

⑧ 8 − 5 =

⑨ 5 + 3 =

⑩ 7 − 4 =

⑪ 5 + 2 =

⑫ 8 − 4 =

⑬ 3 + 4 =

⑭ 4 − 2 =

⑮ 1 + 7 =

⑯ 6 − 5 =

⑰ 0 + 1 =

⑱ 7 − 2 =

⑲ 6 + 1 =

⑳ 9 − 5 =

㉑ 1 + 3 =

㉒ 7 − 5 =

㉓ 6 + 0 =

㉔ 5 − 1 =

㉕ 0 + 5 =

㉖ 4 − 4 =

㉗ 3 + 6 =

㉘ 9 − 8 =

㉙ 2 + 7 =

㉚ 8 − 6 =

①
```
    1
+   6
─────
```

②
```
    9
+   0
─────
```

③
```
    4
+   2
─────
```

④
```
    2
+   7
─────
```

⑤
```
    2
+   3
─────
```

⑥
```
    7
+   1
─────
```

⑦
```
    6
-   5
─────
```

⑧
```
    8
-   4
─────
```

⑨
```
    4
-   2
─────
```

⑩
```
    7
-   3
─────
```

⑪
```
    5
-   3
─────
```

⑫
```
    9
-   2
─────
```

⑬
```
    2
+   2
─────
```

⑭
```
    3
+   6
─────
```

⑮
```
    4
+   5
─────
```

⑯
```
    0
+   1
─────
```

⑰
```
    5
+   3
─────
```

⑱
```
    1
+   2
─────
```

⑲
```
    5
-   1
─────
```

⑳
```
    7
-   5
─────
```

㉑
```
    9
-   8
─────
```

㉒
```
    6
-   3
─────
```

㉓
```
    9
-   7
─────
```

㉔
```
    5
-   5
─────
```

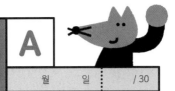
① 4 + 4 =

② 7 − 1 =

③ 2 + 5 =

④ 9 − 8 =

⑤ 1 + 1 =

⑥ 7 − 2 =

⑦ 3 + 6 =

⑧ 8 − 3 =

⑨ 0 + 2 =

⑩ 5 − 4 =

⑪ 1 + 5 =

⑫ 8 − 2 =

⑬ 7 + 2 =

⑭ 4 − 1 =

⑮ 0 + 8 =

⑯ 9 − 4 =

⑰ 3 + 2 =

⑱ 5 − 3 =

⑲ 3 + 5 =

⑳ 6 − 2 =

㉑ 6 + 2 =

㉒ 3 − 2 =

㉓ 5 + 4 =

㉔ 1 − 0 =

㉕ 4 + 2 =

㉖ 8 − 6 =

㉗ 0 + 5 =

㉘ 7 − 4 =

㉙ 2 + 1 =

㉚ 9 − 7 =

①
```
    3
+   3
─────
```

②
```
    1
+   7
─────
```

③
```
    5
+   2
─────
```

④
```
    6
+   3
─────
```

⑤
```
    2
+   5
─────
```

⑥
```
    0
+   9
─────
```

⑦
```
    6
−   2
─────
```

⑧
```
    1
−   1
─────
```

⑨
```
    8
−   2
─────
```

⑩
```
    3
−   0
─────
```

⑪
```
    3
−   1
─────
```

⑫
```
    9
−   5
─────
```

⑬
```
    8
+   0
─────
```

⑭
```
    4
+   1
─────
```

⑮
```
    5
+   1
─────
```

⑯
```
    3
+   6
─────
```

⑰
```
    2
+   4
─────
```

⑱
```
    6
+   1
─────
```

⑲
```
    2
−   1
─────
```

⑳
```
    8
−   6
─────
```

㉑
```
    9
−   1
─────
```

㉒
```
    5
−   2
─────
```

㉓
```
    8
−   5
─────
```

㉔
```
    7
−   4
─────
```

① 6 + 3 =

② 3 − 2 =

③ 0 + 5 =

④ 8 − 6 =

⑤ 2 + 2 =

⑥ 5 − 5 =

⑦ 1 + 8 =

⑧ 7 − 6 =

⑨ 4 + 1 =

⑩ 9 − 4 =

⑪ 3 + 1 =

⑫ 9 − 5 =

⑬ 1 + 6 =

⑭ 7 − 3 =

⑮ 0 + 9 =

⑯ 2 − 1 =

⑰ 4 + 5 =

⑱ 8 − 2 =

⑲ 5 + 3 =

⑳ 6 − 6 =

㉑ 4 + 3 =

㉒ 5 − 1 =

㉓ 7 + 2 =

㉔ 9 − 6 =

㉕ 1 + 4 =

㉖ 8 − 1 =

㉗ 0 + 7 =

㉘ 6 − 2 =

㉙ 2 + 4 =

㉚ 3 − 1 =

①
```
    3
+   0
```

②
```
    2
+   6
```

③
```
    1
+   5
```

④
```
    4
+   2
```

⑤
```
    7
+   0
```

⑥
```
    5
+   4
```

⑦
```
    7
-   2
```

⑧
```
    8
-   5
```

⑨
```
    6
-   4
```

⑩
```
    3
-   2
```

⑪
```
    9
-   7
```

⑫
```
    4
-   1
```

⑬
```
    6
+   2
```

⑭
```
    7
+   1
```

⑮
```
    2
+   5
```

⑯
```
    3
+   4
```

⑰
```
    1
+   3
```

⑱
```
    4
+   4
```

⑲
```
    9
-   8
```

⑳
```
    8
-   1
```

㉑
```
    7
-   4
```

㉒
```
    5
-   4
```

㉓
```
    5
-   2
```

㉔
```
    6
-   6
```

연이은 덧셈, 뺄셈

▶ 학습계획 : 매일 공부할 날짜를 정하고, 계획에 맞게 공부하세요.

일차	1일차	2일차	3일차	4일차	5일차
날짜	/	/	/	/	/

▶ 학습연계 : 지금 무엇을 배우는지 확인하고, 앞으로 배울 단계를 살펴보세요.

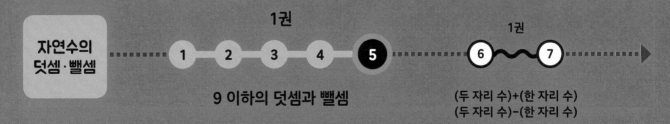

1권

자연수의
덧셈 · 뺄셈

1 ─ 2 ─ 3 ─ 4 ─ **5**

9 이하의 덧셈과 뺄셈

1권

6 ─ 7

(두 자리 수)+(한 자리 수)
(두 자리 수)−(한 자리 수)

5 연이은 덧셈, 뺄셈

덧셈이 이어서 두 번 있으면 앞에서부터 차례대로 계산하면 돼요.

덧셈이 두 번 있어도 당황하지 말고, 앞에서부터 차례대로 두 수씩 더해요.
앞에 있는 두 수를 먼저 더하고, 이 합과 마지막 수를 더하면 됩니다.

$$5+1+3 \Rightarrow 5+1+3 = 9$$

❶ 5+1=6

6

❷ 6+3=9

> 두 수의 덧셈을 2번!
> 앞에서부터 차례대로
> 계산하면 돼요.

뺄셈을 이어서 두 번 할 때도 앞에서부터 차례대로 계산해요.

앞에서부터 차례대로 두 수씩 계산하세요.
앞에 있는 두 수의 뺄셈을 먼저 하고, 이 차에서 마지막 수를 빼면 됩니다.

$$8-1-2 \Rightarrow 8-1-2 = 5$$

❶ 8-1=7

7

❷ 7-2=5

> 두 수의 뺄셈을 2번!
> 앞에서부터 차례대로
> 계산하면 돼요.

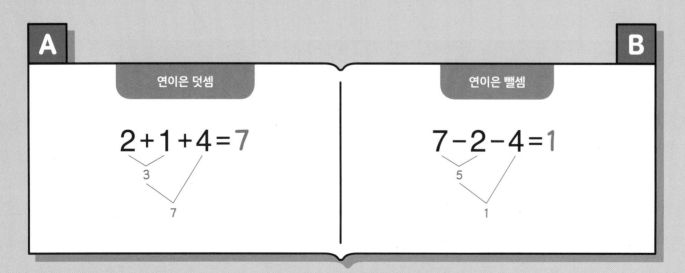

A 연이은 덧셈

$$2+1+4 = 7$$

3

7

B 연이은 뺄셈

$$7-2-4 = 1$$

5

1

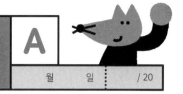

① $2 + 1 + 3 =$

앞에서부터
차례대로 계산해요.

② $1 + 2 + 3 =$

③ $3 + 2 + 1 =$

④ $4 + 1 + 3 =$

⑤ $3 + 1 + 4 =$

⑥ $1 + 3 + 4 =$

⑦ $5 + 1 + 1 =$

⑧ $4 + 1 + 4 =$

⑨ $6 + 0 + 2 =$

⑩ $7 + 1 + 1 =$

⑪ $2 + 1 + 5 =$

⑫ $4 + 2 + 3 =$

⑬ $6 + 1 + 1 =$

⑭ $1 + 5 + 3 =$

⑮ $3 + 1 + 5 =$

⑯ $5 + 1 + 2 =$

⑰ $0 + 1 + 8 =$

⑱ $2 + 2 + 5 =$

⑲ $2 + 0 + 3 =$

⑳ $1 + 5 + 1 =$

① 6 - 2 - 2 =

⌣
4

앞에서부터
차례대로 계산해요.

② 5 - 4 - 1 =

⌣
1

③ 9 - 2 - 5 =

④ 9 - 7 - 1 =

⑤ 9 - 4 - 3 =

⑥ 8 - 2 - 3 =

⑦ 8 - 4 - 3 =

⑧ 8 - 1 - 2 =

⑨ 7 - 5 - 1 =

⑩ 5 - 1 - 2 =

⑪ 8 - 2 - 5 =

⑫ 9 - 6 - 1 =

⑬ 5 - 2 - 1 =

⑭ 6 - 1 - 5 =

⑮ 9 - 3 - 5 =

⑯ 4 - 2 - 2 =

⑰ 7 - 1 - 5 =

⑱ 5 - 1 - 1 =

⑲ 6 - 0 - 4 =

⑳ 8 - 3 - 3 =

① $4 + 1 + 1 =$

5 앞에서부터
차례대로 계산해요.

② $1 + 3 + 2 =$

③ $5 + 0 + 3 =$

④ $2 + 2 + 5 =$

⑤ $7 + 1 + 1 =$

⑥ $1 + 2 + 1 =$

⑦ $6 + 2 + 1 =$

⑧ $5 + 1 + 3 =$

⑨ $2 + 2 + 2 =$

⑩ $4 + 3 + 2 =$

⑪ $3 + 2 + 2 =$

⑫ $1 + 7 + 1 =$

⑬ $3 + 3 + 3 =$

⑭ $1 + 1 + 3 =$

⑮ $5 + 2 + 2 =$

⑯ $2 + 4 + 1 =$

⑰ $1 + 4 + 4 =$

⑱ $2 + 2 + 4 =$

⑲ $6 + 0 + 3 =$

⑳ $3 + 4 + 1 =$

① $8 - 3 - 3 =$

앞에서부터
차례대로 계산해요.

② $7 - 2 - 4 =$

③ $8 - 1 - 2 =$

④ $6 - 3 - 3 =$

⑤ $9 - 6 - 1 =$

⑥ $5 - 1 - 1 =$

⑦ $7 - 2 - 2 =$

⑧ $9 - 8 - 1 =$

⑨ $4 - 1 - 2 =$

⑩ $9 - 3 - 6 =$

⑪ $7 - 2 - 3 =$

⑫ $9 - 5 - 3 =$

⑬ $8 - 3 - 4 =$

⑭ $6 - 1 - 0 =$

⑮ $9 - 4 - 4 =$

⑯ $7 - 3 - 4 =$

⑰ $8 - 5 - 1 =$

⑱ $6 - 2 - 1 =$

⑲ $9 - 3 - 3 =$

⑳ $8 - 4 - 3 =$

① $3 + 5 + 1 =$

8 앞에서부터
차례대로 계산해요.

② $2 + 2 + 1 =$

③ $7 + 2 + 0 =$

④ $4 + 4 + 0 =$

⑤ $2 + 4 + 3 =$

⑥ $5 + 1 + 1 =$

⑦ $1 + 2 + 5 =$

⑧ $4 + 2 + 1 =$

⑨ $8 + 0 + 1 =$

⑩ $3 + 4 + 2 =$

⑪ $4 + 3 + 1 =$

⑫ $1 + 5 + 3 =$

⑬ $0 + 3 + 4 =$

⑭ $1 + 7 + 1 =$

⑮ $2 + 2 + 2 =$

⑯ $3 + 2 + 3 =$

⑰ $3 + 0 + 2 =$

⑱ $1 + 5 + 0 =$

⑲ $7 + 1 + 0 =$

⑳ $3 + 3 + 1 =$

① $9 - 1 - 4 =$

8   앞에서부터
차례대로 계산해요.

② $8 - 7 - 1 =$

③ $7 - 3 - 3 =$

④ $9 - 4 - 4 =$

⑤ $9 - 2 - 5 =$

⑥ $5 - 1 - 2 =$

⑦ $8 - 0 - 6 =$

⑧ $6 - 1 - 3 =$

⑨ $8 - 5 - 2 =$

⑩ $9 - 6 - 2 =$

⑪ $5 - 3 - 1 =$

⑫ $8 - 2 - 2 =$

⑬ $7 - 1 - 5 =$

⑭ $6 - 2 - 1 =$

⑮ $9 - 3 - 3 =$

⑯ $8 - 4 - 4 =$

⑰ $8 - 3 - 4 =$

⑱ $8 - 4 - 2 =$

⑲ $9 - 3 - 1 =$

⑳ $9 - 4 - 3 =$

① $4 + 0 + 3 =$

    4   앞에서부터 차례대로 계산해요.

② $5 + 1 + 2 =$

③ $3 + 3 + 2 =$

④ $6 + 2 + 1 =$

⑤ $2 + 3 + 2 =$

⑥ $1 + 3 + 5 =$

⑦ $6 + 1 + 1 =$

⑧ $4 + 1 + 3 =$

⑨ $7 + 0 + 2 =$

⑩ $5 + 1 + 1 =$

⑪ $1 + 1 + 1 =$

⑫ $4 + 4 + 1 =$

⑬ $5 + 2 + 2 =$

⑭ $4 + 0 + 4 =$

⑮ $2 + 3 + 1 =$

⑯ $1 + 4 + 2 =$

⑰ $1 + 5 + 3 =$

⑱ $1 + 1 + 4 =$

⑲ $2 + 0 + 6 =$

⑳ $3 + 4 + 2 =$

① $7 - 1 - 2 =$

⑪ $9 - 7 - 1 =$

6

앞에서부터
차례대로 계산해요.

② $6 - 3 - 1 =$

⑫ $7 - 0 - 7 =$

③ $8 - 0 - 6 =$

⑬ $8 - 4 - 2 =$

④ $9 - 3 - 5 =$

⑭ $5 - 1 - 3 =$

⑤ $9 - 2 - 2 =$

⑮ $9 - 5 - 0 =$

⑥ $8 - 2 - 2 =$

⑯ $8 - 3 - 3 =$

⑦ $9 - 4 - 4 =$

⑰ $7 - 2 - 3 =$

⑧ $9 - 2 - 5 =$

⑱ $8 - 4 - 3 =$

⑨ $7 - 3 - 1 =$

⑲ $9 - 1 - 5 =$

⑩ $6 - 1 - 4 =$

⑳ $9 - 6 - 1 =$

① $3 + 3 + 3 =$

6 앞에서부터 차례대로 계산해요.

② $2 + 2 + 2 =$

③ $1 + 1 + 1 =$

④ $2 + 0 + 6 =$

⑤ $5 + 1 + 3 =$

⑥ $1 + 2 + 6 =$

⑦ $4 + 3 + 2 =$

⑧ $3 + 1 + 3 =$

⑨ $8 + 0 + 1 =$

⑩ $1 + 3 + 2 =$

⑪ $3 + 5 + 0 =$

⑫ $1 + 2 + 1 =$

⑬ $4 + 1 + 2 =$

⑭ $2 + 2 + 3 =$

⑮ $1 + 1 + 6 =$

⑯ $5 + 3 + 1 =$

⑰ $1 + 5 + 1 =$

⑱ $3 + 1 + 1 =$

⑲ $1 + 0 + 7 =$

⑳ $1 + 6 + 2 =$

① 7 - 4 - 3 =

⌣
3

앞에서부터
차례대로 계산해요.

② 8 - 1 - 1 =

③ 7 - 2 - 2 =

④ 9 - 4 - 4 =

⑤ 5 - 2 - 1 =

⑥ 8 - 3 - 2 =

⑦ 9 - 5 - 1 =

⑧ 6 - 2 - 3 =

⑨ 9 - 4 - 2 =

⑩ 5 - 1 - 3 =

⑪ 6 - 4 - 1 =

⑫ 8 - 3 - 5 =

⑬ 7 - 1 - 3 =

⑭ 6 - 1 - 3 =

⑮ 3 - 1 - 1 =

⑯ 9 - 2 - 5 =

⑰ 5 - 1 - 2 =

⑱ 6 - 2 - 2 =

⑲ 9 - 5 - 3 =

⑳ 8 - 0 - 7 =

6 단계

(몇십)+(몇),
(몇)+(몇십)

▶ 학습계획 : 매일 공부할 날짜를 정하고, 계획에 맞게 공부하세요.

일차	1일차	2일차	3일차	4일차	5일차
날짜	/	/	/	/	/

▶ 학습연계 : 지금 무엇을 배우는지 확인하고, 이전에 배운 단계와 앞으로 배울 단계를 살펴보세요.

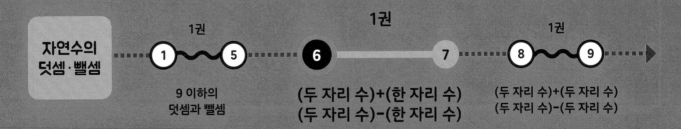

자연수의 덧셈·뺄셈

1권
1 ~ **5**
9 이하의 덧셈과 뺄셈

1권
6 — **7**
(두 자리 수)+(한 자리 수)
(두 자리 수)−(한 자리 수)

1권
8 ~ **9**
(두 자리 수)+(두 자리 수)
(두 자리 수)−(두 자리 수)

이렇게 계산해요!

6 (몇십)+(몇), (몇)+(몇십)

몇십과 몇을 더하면 몇십몇이에요.

'30+5'는 십이 3개인 수와 일이 5개인 수를 더한 것이므로 35가 됩니다.

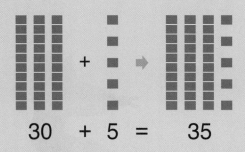

$$30 + 5 = 35$$

세로셈으로 나타낼 때에는 세로로 자리를 맞춰서 써요.

'50+6'을 세로셈으로 나타낼 때 6은 50에서 0과 같은 일의 자리에 맞춰 씁니다.
50에서 5와 같은 자리에 쓰면 안 돼요. 5는 십의 자리 숫자이니까요.

같은 자리끼리
줄을 맞추어 써요.

일의 자리 계산
0 + 6 = 6

십의 자리에 5를
그대로 내려 써요.

A

가로셈

$$10 + 3 = 13$$

$$8 + 40 = 48$$

B

세로셈

```
    십  일
     1  0
 +      3
 ─────────
     1  3
```

```
        8
 +   4  0
 ─────────
     4  8
```

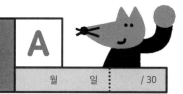
① 10+3 =

② 40+9 =

③ 50+7 =

④ 20+4 =

⑤ 70+5 =

⑥ 30+6 =

⑦ 60+7 =

⑧ 40+4 =

⑨ 60+9 =

⑩ 90+6 =

⑪ 70+1 =

⑫ 80+2 =

⑬ 50+6 =

⑭ 50+8 =

⑮ 60+2 =

⑯ 90+4 =

⑰ 20+8 =

⑱ 30+3 =

⑲ 90+9 =

⑳ 80+6 =

㉑ 7+70 =

㉒ 9+10 =

㉓ 1+50 =

㉔ 4+30 =

㉕ 2+20 =

㉖ 5+40 =

㉗ 8+90 =

㉘ 3+60 =

㉙ 6+10 =

㉚ 3+40 =

①
```
    2 0
+     1
```

⑦
```
    8 0
+     4
```

⑬
```
      7
+   4 0
```

⑲
```
      6
+   5 0
```

②
```
    1 0
+     4
```

⑧
```
    6 0
+     9
```

⑭
```
      2
+   8 0
```

⑳
```
      8
+   6 0
```

③
```
    3 0
+     7
```

⑨
```
    1 0
+     1
```

⑮
```
      3
+   2 0
```

㉑
```
      1
+   8 0
```

④
```
    7 0
+     2
```

⑩
```
    8 0
+     8
```

⑯
```
      9
+   3 0
```

㉒
```
      4
+   2 0
```

⑤
```
    5 0
+     8
```

⑪
```
    3 0
+     5
```

⑰
```
      4
+   9 0
```

㉓
```
      1
+   3 0
```

⑥
```
    4 0
+     1
```

⑫
```
    9 0
+     6
```

⑱
```
      7
+   1 0
```

㉔
```
      5
+   7 0
```

(몇십)+(몇), (몇)+(몇십)

① 60+2=

② 40+8=

③ 20+6=

④ 80+3=

⑤ 70+2=

⑥ 90+7=

⑦ 50+5=

⑧ 40+3=

⑨ 20+9=

⑩ 70+5=

⑪ 80+6=

⑫ 90+4=

⑬ 50+1=

⑭ 30+3=

⑮ 70+4=

⑯ 60+9=

⑰ 10+8=

⑱ 20+1=

⑲ 90+8=

⑳ 50+7=

㉑ 2+50=

㉒ 1+90=

㉓ 5+10=

㉔ 7+40=

㉕ 6+60=

㉖ 8+50=

㉗ 9+80=

㉘ 6+70=

㉙ 3+50=

㉚ 1+40=

①
```
    3 0
+     2
─────────
```

②
```
    4 0
+     7
─────────
```

③
```
    1 0
+     1
─────────
```

④
```
    9 0
+     2
─────────
```

⑤
```
    5 0
+     9
─────────
```

⑥
```
    4 0
+     4
─────────
```

⑦
```
    6 0
+     5
─────────
```

⑧
```
    7 0
+     3
─────────
```

⑨
```
    2 0
+     9
─────────
```

⑩
```
    3 0
+     5
─────────
```

⑪
```
    6 0
+     4
─────────
```

⑫
```
    8 0
+     6
─────────
```

⑬
```
      5
+   2 0
─────────
```

⑭
```
      1
+   9 0
─────────
```

⑮
```
      7
+   3 0
─────────
```

⑯
```
      3
+   4 0
─────────
```

⑰
```
      7
+   7 0
─────────
```

⑱
```
      6
+   1 0
─────────
```

⑲
```
      8
+   7 0
─────────
```

⑳
```
      4
+   5 0
─────────
```

㉑
```
      3
+   3 0
─────────
```

㉒
```
      2
+   7 0
─────────
```

㉓
```
      8
+   3 0
─────────
```

㉔
```
      1
+   6 0
─────────
```

① 50+5 =

② 70+2 =

③ 40+8 =

④ 60+3 =

⑤ 80+5 =

⑥ 30+1 =

⑦ 90+4 =

⑧ 10+7 =

⑨ 90+9 =

⑩ 20+6 =

⑪ 30+5 =

⑫ 80+2 =

⑬ 10+4 =

⑭ 50+2 =

⑮ 40+4 =

⑯ 90+3 =

⑰ 70+6 =

⑱ 80+8 =

⑲ 60+7 =

⑳ 10+3 =

㉑ 2+40 =

㉒ 5+20 =

㉓ 2+10 =

㉔ 4+30 =

㉕ 4+50 =

㉖ 1+80 =

㉗ 3+70 =

㉘ 2+60 =

㉙ 7+20 =

㉚ 6+90 =

(몇십)+(몇), (몇)+(몇십)

①
```
    4 0
  +   3
```

②
```
    7 0
  +   4
```

③
```
    8 0
  +   1
```

④
```
    6 0
  +   9
```

⑤
```
    5 0
  +   4
```

⑥
```
    2 0
  +   5
```

⑦
```
    3 0
  +   7
```

⑧
```
    9 0
  +   3
```

⑨
```
    1 0
  +   4
```

⑩
```
    9 0
  +   1
```

⑪
```
    7 0
  +   8
```

⑫
```
    4 0
  +   6
```

⑬
```
      8
  + 5 0
```

⑭
```
      6
  + 9 0
```

⑮
```
      5
  + 1 0
```

⑯
```
      2
  + 7 0
```

⑰
```
      4
  + 4 0
```

⑱
```
      9
  + 2 0
```

⑲
```
      2
  + 3 0
```

⑳
```
      8
  + 8 0
```

㉑
```
      3
  + 6 0
```

㉒
```
      6
  + 5 0
```

㉓
```
      7
  + 4 0
```

㉔
```
      5
  + 7 0
```

① $20+8=$

② $10+3=$

③ $70+2=$

④ $80+5=$

⑤ $90+4=$

⑥ $30+3=$

⑦ $60+6=$

⑧ $40+7=$

⑨ $20+2=$

⑩ $50+1=$

⑪ $10+6=$

⑫ $50+3=$

⑬ $60+9=$

⑭ $30+7=$

⑮ $40+2=$

⑯ $90+1=$

⑰ $10+8=$

⑱ $70+7=$

⑲ $20+5=$

⑳ $60+4=$

㉑ $5+50=$

㉒ $2+80=$

㉓ $1+30=$

㉔ $7+20=$

㉕ $6+30=$

㉖ $9+70=$

㉗ $8+90=$

㉘ $4+10=$

㉙ $9+40=$

㉚ $3+40=$

①
```
    8 0
+     5
```

②
```
    9 0
+     1
```

③
```
    1 0
+     2
```

④
```
    4 0
+     6
```

⑤
```
    2 0
+     8
```

⑥
```
    7 0
+     9
```

⑦
```
    2 0
+     5
```

⑧
```
    3 0
+     7
```

⑨
```
    5 0
+     8
```

⑩
```
    6 0
+     4
```

⑪
```
    1 0
+     6
```

⑫
```
    8 0
+     2
```

⑬
```
      3
+   9 0
```

⑭
```
      9
+   2 0
```

⑮
```
      1
+   7 0
```

⑯
```
      4
+   3 0
```

⑰
```
      6
+   5 0
```

⑱
```
      2
+   6 0
```

⑲
```
      3
+   4 0
```

⑳
```
      5
+   4 0
```

㉑
```
      4
+   8 0
```

㉒
```
      9
+   1 0
```

㉓
```
      7
+   7 0
```

㉔
```
      8
+   8 0
```

① 30+6 =

② 10+6 =

③ 80+3 =

④ 20+9 =

⑤ 70+1 =

⑥ 60+2 =

⑦ 40+8 =

⑧ 50+7 =

⑨ 20+4 =

⑩ 30+5 =

⑪ 50+2 =

⑫ 70+9 =

⑬ 20+6 =

⑭ 30+3 =

⑮ 80+8 =

⑯ 40+1 =

⑰ 60+7 =

⑱ 10+5 =

⑲ 90+4 =

⑳ 80+7 =

㉑ 3+90 =

㉒ 6+40 =

㉓ 8+10 =

㉔ 9+20 =

㉕ 5+50 =

㉖ 8+30 =

㉗ 4+70 =

㉘ 1+90 =

㉙ 6+60 =

㉚ 2+70 =

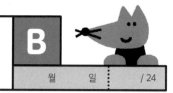
①
```
    5 0
+     3
```

②
```
    9 0
+     9
```

③
```
    4 0
+     5
```

④
```
    7 0
+     8
```

⑤
```
    1 0
+     9
```

⑥
```
    6 0
+     4
```

⑦
```
    8 0
+     2
```

⑧
```
    3 0
+     6
```

⑨
```
    4 0
+     8
```

⑩
```
    2 0
+     7
```

⑪
```
    9 0
+     4
```

⑫
```
    8 0
+     7
```

⑬
```
      6
+   2 0
```

⑭
```
      4
+   7 0
```

⑮
```
      5
+   1 0
```

⑯
```
      3
+   9 0
```

⑰
```
      8
+   6 0
```

⑱
```
      8
+   3 0
```

⑲
```
      4
+   4 0
```

⑳
```
      9
+   5 0
```

㉑
```
      1
+   8 0
```

㉒
```
      2
+   6 0
```

㉓
```
      5
+   7 0
```

㉔
```
      6
+   8 0
```

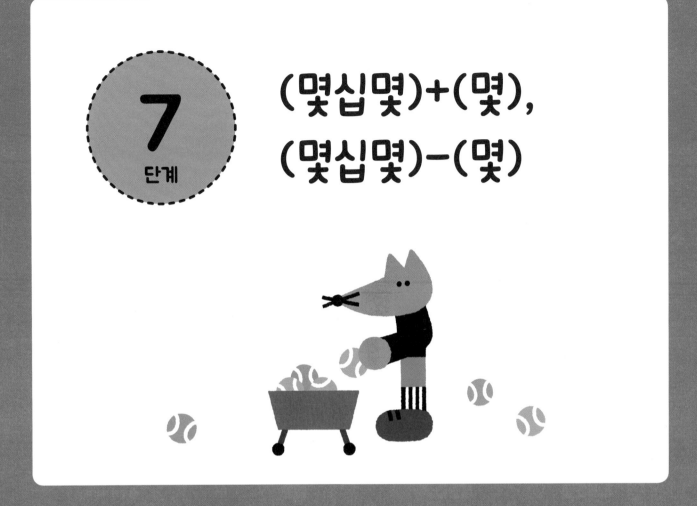

7 단계

(몇십몇)+(몇),
(몇십몇)-(몇)

▶ 학습계획 : 매일 공부할 날짜를 정하고, 계획에 맞게 공부하세요.

일차	1일차	2일차	3일차	4일차	5일차
날짜	/	/	/	/	/

▶ 학습연계 : 지금 무엇을 배우는지 확인하고, 이전에 배운 단계와 앞으로 배울 단계를 살펴보세요.

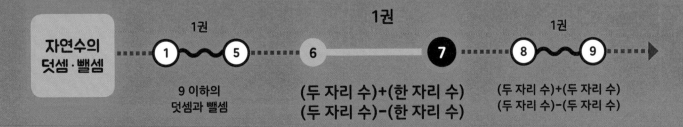

자연수의
덧셈 · 뺄셈

1권
1 ~ 5
9 이하의
덧셈과 뺄셈

1권
6 ~ 7
(두 자리 수)+(한 자리 수)
(두 자리 수)-(한 자리 수)

1권
8 ~ 9
(두 자리 수)+(두 자리 수)
(두 자리 수)-(두 자리 수)

7 (몇십몇)+(몇), (몇십몇)−(몇)

자릿수가 다른 두 수를 계산할 때는 반드시 같은 자리끼리 계산해요.

두 자리 수와 한 자리 수를 더하거나 뺄 때는 일의 자리끼리, 십의 자리끼리 계산해야 합니다.
같은 자리끼리 계산하지 않으면 틀린 답이 돼요.

(두 자리 수)+(한 자리 수)

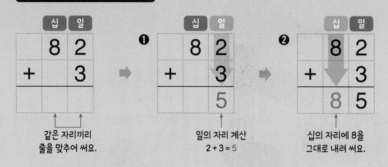

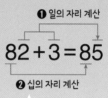

❶ 일의 자리 계산

$$82+3=85$$

❷ 십의 자리 계산

3은 십의 자리 숫자가 없으므로
두 자리 수의 십의 자리 숫자를
그대로 써요.

(두 자리 수)−(한 자리 수)

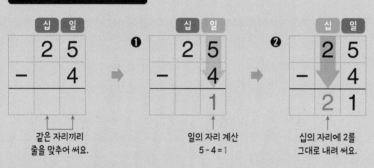

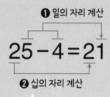

❶ 일의 자리 계산

$$25-4=21$$

❷ 십의 자리 계산

4는 십의 자리 숫자가 없으므로
두 자리 수의 십의 자리 숫자를
그대로 써요.

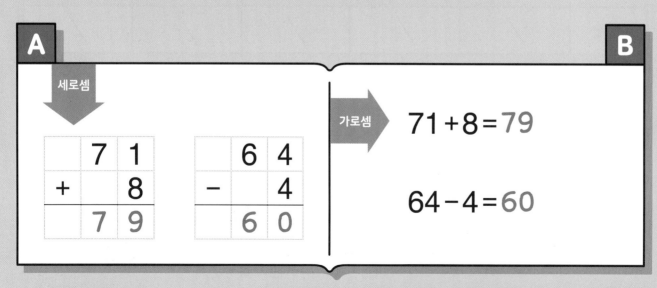

가로셈

$$71+8=79$$

$$64-4=60$$

①
```
    2 2
+   ↓ 5
─────────
```

②
```
    1 3
+     4
─────────
```

③
```
    3 1
+     7
─────────
```

④
```
    7 5
+     2
─────────
```

⑤
```
    5 2
+     6
─────────
```

⑥
```
    4 4
+     2
─────────
```

⑦
```
    8 1
+     8
─────────
```

⑧
```
    6 4
+     5
─────────
```

⑨
```
    1 5
+     1
─────────
```

⑩
```
    8 4
+     1
─────────
```

⑪
```
    3 2
+     6
─────────
```

⑫
```
    9 4
+     2
─────────
```

⑬
```
    4 7
−     2
─────────
```

⑭
```
    1 8
−     2
─────────
```

⑮
```
    8 9
−     2
─────────
```

⑯
```
    2 5
−     4
─────────
```

⑰
```
    3 6
−     2
─────────
```

⑱
```
    6 4
−     1
─────────
```

⑲
```
    5 2
−     2
─────────
```

⑳
```
    7 3
−     3
─────────
```

㉑
```
    9 4
−     4
─────────
```

㉒
```
    5 5
−     1
─────────
```

㉓
```
    1 6
−     2
─────────
```

㉔
```
    7 7
−     1
─────────
```

① 33+6 =

② 11+6 =

③ 82+3 =

④ 22+7 =

⑤ 75+1 =

⑥ 85−3 =

⑦ 66−6 =

⑧ 18−7 =

⑨ 27−5 =

⑩ 55−3 =

⑪ 57+2 =

⑫ 71+8 =

⑬ 23+4 =

⑭ 32+3 =

⑮ 81+6 =

⑯ 44−1 =

⑰ 67−2 =

⑱ 15−3 =

⑲ 94−4 =

⑳ 86−3 =

㉑ 62+2 =

㉒ 41+8 =

㉓ 51+7 =

㉔ 26+2 =

㉕ 32+5 =

㉖ 38−1 =

㉗ 47−6 =

㉘ 26−2 =

㉙ 76−3 =

㉚ 97−2 =

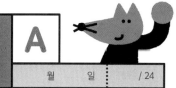
①
```
    3 2
+     4
```

②
```
    4 5
+     3
```

③
```
    5 8
+     1
```

④
```
    6 3
+     2
```

⑤
```
    8 7
+     2
```

⑥
```
    2 4
+     4
```

⑦
```
    5 5
+     2
```

⑧
```
    6 1
+     5
```

⑨
```
    7 3
+     6
```

⑩
```
    2 2
+     2
```

⑪
```
    1 6
+     3
```

⑫
```
    8 1
+     3
```

⑬
```
    2 4
−     3
```

⑭
```
    3 7
−     1
```

⑮
```
    5 1
−     1
```

⑯
```
    6 6
−     2
```

⑰
```
    4 9
−     8
```

⑱
```
    1 9
−     7
```

⑲
```
    5 9
−     6
```

⑳
```
    6 8
−     6
```

㉑
```
    7 8
−     4
```

㉒
```
    2 8
−     5
```

㉓
```
    9 6
−     3
```

㉔
```
    8 3
−     2
```

① 21+8 =

② 16+3 =

③ 75+2 =

④ 84+5 =

⑤ 92+4 =

⑥ 58−5 =

⑦ 29−3 =

⑧ 13−1 =

⑨ 76−2 =

⑩ 64−3 =

⑪ 13+6 =

⑫ 54+3 =

⑬ 65+4 =

⑭ 32+7 =

⑮ 47+2 =

⑯ 93−1 =

⑰ 18−2 =

⑱ 77−7 =

⑲ 25−3 =

⑳ 67−2 =

㉑ 31+3 =

㉒ 61+6 =

㉓ 41+7 =

㉔ 27+2 =

㉕ 53+1 =

㉖ 98−7 =

㉗ 86−2 =

㉘ 44−3 =

㉙ 59−4 =

㉚ 38−4 =

①
```
    1 3
+   1
─────
```

②
```
    2 2
+     7
─────
```

③
```
    3 1
+     8
─────
```

④
```
    7 3
+     4
─────
```

⑤
```
    5 2
+     3
─────
```

⑥
```
    4 1
+     4
─────
```

⑦
```
    8 2
+     6
─────
```

⑧
```
    6 4
+     2
─────
```

⑨
```
    1 8
+     1
─────
```

⑩
```
    8 1
+     8
─────
```

⑪
```
    3 2
+     4
─────
```

⑫
```
    9 3
+     3
─────
```

⑬
```
    2 7
−     3
─────
```

⑭
```
    3 6
−     2
─────
```

⑮
```
    4 8
−     2
─────
```

⑯
```
    7 8
−     8
─────
```

⑰
```
    5 6
−     1
─────
```

⑱
```
    9 7
−     1
─────
```

⑲
```
    6 3
−     1
─────
```

⑳
```
    4 7
−     6
─────
```

㉑
```
    2 5
−     2
─────
```

㉒
```
    8 3
−     2
─────
```

㉓
```
    2 6
−     4
─────
```

㉔
```
    5 3
−     3
─────
```

(몇십몇)+(몇), (몇십몇)-(몇)

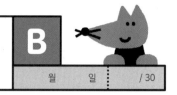

B

월   일   / 30

① 51+5 =

② 72+2 =

③ 41+8 =

④ 63+3 =

⑤ 82+5 =

⑥ 23-2 =

⑦ 52-1 =

⑧ 12-1 =

⑨ 48-3 =

⑩ 79-8 =

⑪ 32+5 =

⑫ 87+2 =

⑬ 15+4 =

⑭ 55+2 =

⑮ 42+4 =

⑯ 97-1 =

⑰ 78-6 =

⑱ 89-8 =

⑲ 67-7 =

⑳ 19-3 =

㉑ 35+3 =

㉒ 94+4 =

㉓ 11+7 =

㉔ 95+2 =

㉕ 23+6 =

㉖ 88-4 =

㉗ 37-2 =

㉘ 25-3 =

㉙ 77-5 =

㉚ 69-7 =

①
```
    4 2
+
```

⑦
```
    5 3
+   4
```

⑬
```
    5 5
-   4
```

⑲
```
    1 9
-   2
```

②
```
    8 8
+   1
```

⑧
```
    6 6
+   1
```

⑭
```
    2 7
-   1
```

⑳
```
    3 8
-   7
```

③
```
    2 4
+   5
```

⑨
```
    8 3
+   6
```

⑮
```
    7 3
-   1
```

㉑
```
    2 6
-   4
```

④
```
    3 5
+   4
```

⑩
```
    2 6
+   3
```

⑯
```
    1 7
-   6
```

㉒
```
    4 9
-   1
```

⑤
```
    9 2
+   6
```

⑪
```
    3 2
+   3
```

⑰
```
    4 9
-   2
```

㉓
```
    5 8
-   6
```

⑥
```
    1 6
+   2
```

⑫
```
    7 3
+   2
```

⑱
```
    6 5
-   5
```

㉔
```
    9 4
-   2
```

① 63+2=

② 41+8=

③ 23+6=

④ 82+3=

⑤ 75+2=

⑥ 24−3=

⑦ 95−1=

⑧ 15−2=

⑨ 37−4=

⑩ 68−6=

⑪ 82+6=

⑫ 93+4=

⑬ 58+1=

⑭ 34+3=

⑮ 72+2=

⑯ 69−4=

⑰ 19−5=

⑱ 27−1=

⑲ 99−8=

⑳ 58−8=

㉑ 91+7=

㉒ 54+5=

㉓ 46+1=

㉔ 22+4=

㉕ 73+5=

㉖ 46−3=

㉗ 98−5=

㉘ 67−5=

㉙ 35−2=

㉚ 14−3=

①
```
    2  4
+      3
───────
```

②
```
    3  1
+      7
───────
```

③
```
    5  1
+      1
───────
```

④
```
    6  2
+      2
───────
```

⑤
```
    4  2
+      4
───────
```

⑥
```
    1  7
+      2
───────
```

⑦
```
    5  1
+      6
───────
```

⑧
```
    6  3
+      5
───────
```

⑨
```
    7  7
+      1
───────
```

⑩
```
    2  5
+      2
───────
```

⑪
```
    9  1
+      3
───────
```

⑫
```
    8  3
+      2
───────
```

⑬
```
    9  4
−      3
───────
```

⑭
```
    7  8
−      1
───────
```

⑮
```
    3  6
−      3
───────
```

⑯
```
    6  9
−      5
───────
```

⑰
```
    4  6
−      2
───────
```

⑱
```
    1  5
−      4
───────
```

⑲
```
    5  7
−      2
───────
```

⑳
```
    2  8
−      4
───────
```

㉑
```
    7  9
−      3
───────
```

㉒
```
    4  3
−      2
───────
```

㉓
```
    5  8
−      1
───────
```

㉔
```
    6  4
−      2
───────
```

① 13+1 =

② 42+7 =

③ 56+3 =

④ 24+4 =

⑤ 74+5 =

⑥ 76-4 =

⑦ 59-1 =

⑧ 18-5 =

⑨ 24-1 =

⑩ 47-3 =

⑪ 71+1 =

⑫ 84+2 =

⑬ 53+6 =

⑭ 52+7 =

⑮ 61+3 =

⑯ 97-4 =

⑰ 28-8 =

⑱ 36-1 =

⑲ 95-5 =

⑳ 88-8 =

㉑ 32+2 =

㉒ 61+6 =

㉓ 47+1 =

㉔ 63+4 =

㉕ 92+6 =

㉖ 56-2 =

㉗ 68-7 =

㉘ 79-9 =

㉙ 34-2 =

㉚ 83-2 =

8
단계

(몇십)+(몇십),
(몇십)-(몇십)

▶ 학습계획 : 매일 공부할 날짜를 정하고, 계획에 맞게 공부하세요.

일차	1일차	2일차	3일차	4일차	5일차
날짜	/	/	/	/	/

▶ 학습연계 : 지금 무엇을 배우는지 확인하고, 이전에 배운 단계와 앞으로 배울 단계를 살펴보세요.

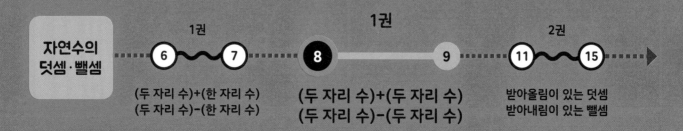

자연수의
덧셈 · 뺄셈

1권
6 — 7

(두 자리 수)+(한 자리 수)
(두 자리 수)-(한 자리 수)

1권
8 — 9

(두 자리 수)+(두 자리 수)
(두 자리 수)-(두 자리 수)

2권
11 — 15

받아올림이 있는 덧셈
받아내림이 있는 뺄셈

이렇게 계산해요!

8 (몇십)+(몇십), (몇십)−(몇십)

일의 자리 숫자가 모두 0이니까 십의 자리끼리 계산해요.

가로셈 30은 십 모형이 3개, 20은 십 모형이 2개이므로
'30+20'은 십 모형 3개와 십 모형 2개를 더해서 십 모형 5개가 됩니다.

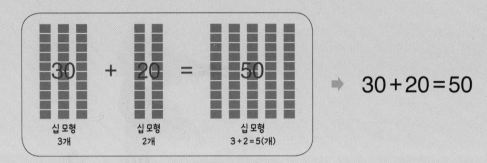

➡ $30 + 20 = 50$

세로셈 같은 자리끼리 줄을 맞추어 쓴 후 일의 자리끼리, 십의 자리끼리 계산합니다.

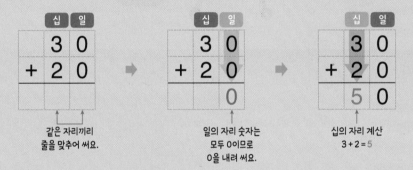

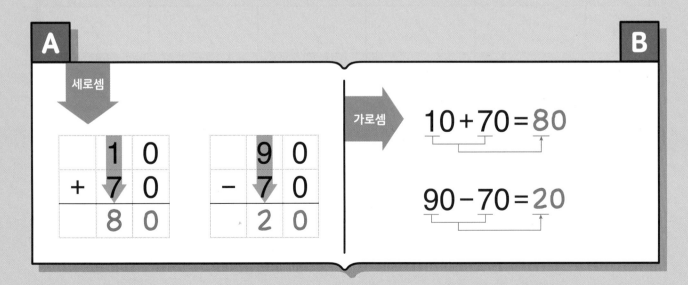

세로셈

가로셈 $10 + 70 = 80$

$90 - 70 = 20$

①
```
    4 0
  + 1 0
```

②
```
    2 0
  + 7 0
```

③
```
    3 0
  + 5 0
```

④
```
    8 0
  + 1 0
```

⑤
```
    5 0
  + 3 0
```

⑥
```
    7 0
  + 1 0
```

⑦
```
    3 0
  + 3 0
```

⑧
```
    4 0
  + 4 0
```

⑨
```
    4 0
  + 3 0
```

⑩
```
    2 0
  + 3 0
```

⑪
```
    1 0
  + 6 0
```

⑫
```
    6 0
  + 3 0
```

⑬
```
    5 0
  - 1 0
```

⑭
```
    6 0
  - 1 0
```

⑮
```
    8 0
  - 7 0
```

⑯
```
    7 0
  - 6 0
```

⑰
```
    8 0
  - 1 0
```

⑱
```
    6 0
  - 3 0
```

⑲
```
    6 0
  - 4 0
```

⑳
```
    5 0
  - 3 0
```

㉑
```
    7 0
  - 1 0
```

㉒
```
    9 0
  - 6 0
```

㉓
```
    3 0
  - 3 0
```

㉔
```
    9 0
  - 5 0
```

① 30+30=

② 10+70=

③ 40+20=

④ 50+40=

⑤ 60+10=

⑥ 90−70=

⑦ 70−50=

⑧ 50−10=

⑨ 40−30=

⑩ 20−20=

⑪ 20+20=

⑫ 50+20=

⑬ 10+40=

⑭ 70+10=

⑮ 60+30=

⑯ 60−10=

⑰ 90−20=

⑱ 50−30=

⑲ 70−20=

⑳ 80−50=

㉑ 10+80=

㉒ 30+10=

㉓ 70+20=

㉔ 40+50=

㉕ 80+10=

㉖ 30−10=

㉗ 90−60=

㉘ 80−20=

㉙ 50−40=

㉚ 40−20=

①
```
    6 0
  + 1 0
  ─────
```

②
```
    4 0
  + 4 0
  ─────
```

③
```
    2 0
  + 5 0
  ─────
```

④
```
    2 0
  + 6 0
  ─────
```

⑤
```
    1 0
  + 8 0
  ─────
```

⑥
```
    3 0
  + 4 0
  ─────
```

⑦
```
    3 0
  + 6 0
  ─────
```

⑧
```
    2 0
  + 4 0
  ─────
```

⑨
```
    6 0
  + 2 0
  ─────
```

⑩
```
    7 0
  + 1 0
  ─────
```

⑪
```
    5 0
  + 1 0
  ─────
```

⑫
```
    7 0
  + 2 0
  ─────
```

⑬
```
    8 0
  - 6 0
  ─────
```

⑭
```
    5 0
  - 4 0
  ─────
```

⑮
```
    9 0
  - 2 0
  ─────
```

⑯
```
    6 0
  - 6 0
  ─────
```

⑰
```
    7 0
  - 1 0
  ─────
```

⑱
```
    6 0
  - 3 0
  ─────
```

⑲
```
    5 0
  - 1 0
  ─────
```

⑳
```
    7 0
  - 2 0
  ─────
```

㉑
```
    9 0
  - 3 0
  ─────
```

㉒
```
    8 0
  - 2 0
  ─────
```

㉓
```
    4 0
  - 1 0
  ─────
```

㉔
```
    5 0
  - 3 0
  ─────
```

① 70+20=

② 50+10=

③ 10+30=

④ 10+60=

⑤ 80+10=

⑥ 80-20=

⑦ 60-20=

⑧ 70-50=

⑨ 50-30=

⑩ 90-50=

⑪ 50+40=

⑫ 40+20=

⑬ 60+30=

⑭ 10+10=

⑮ 20+60=

⑯ 40-20=

⑰ 80-70=

⑱ 90-60=

⑲ 90-10=

⑳ 70-30=

㉑ 40+40=

㉒ 30+40=

㉓ 50+30=

㉔ 30+60=

㉕ 10+70=

㉖ 60-50=

㉗ 40-10=

㉘ 90-40=

㉙ 70-40=

㉚ 80-60=

①
```
   3 0
 + 5 0
```

⑦
```
   5 0
 + 1 0
```

⑬
```
   8 0
 - 1 0
```

⑲
```
   7 0
 - 1 0
```

②
```
   2 0
 + 7 0
```

⑧
```
   2 0
 + 2 0
```

⑭
```
   3 0
 - 2 0
```

⑳
```
   2 0
 - 2 0
```

③
```
   6 0
 + 1 0
```

⑨
```
   3 0
 + 6 0
```

⑮
```
   6 0
 - 3 0
```

㉑
```
   8 0
 - 4 0
```

④
```
   5 0
 + 2 0
```

⑩
```
   4 0
 + 5 0
```

⑯
```
   7 0
 - 5 0
```

㉒
```
   9 0
 - 3 0
```

⑤
```
   4 0
 + 3 0
```

⑪
```
   6 0
 + 2 0
```

⑰
```
   9 0
 - 6 0
```

㉓
```
   4 0
 - 2 0
```

⑥
```
   1 0
 + 7 0
```

⑫
```
   3 0
 + 3 0
```

⑱
```
   6 0
 - 2 0
```

㉔
```
   7 0
 - 3 0
```

① 70+10 =

② 20+40 =

③ 60+30 =

④ 30+10 =

⑤ 20+20 =

⑥ 40−10 =

⑦ 90−30 =

⑧ 80−20 =

⑨ 30−10 =

⑩ 20−20 =

⑪ 50+30 =

⑫ 40+50 =

⑬ 10+50 =

⑭ 60+10 =

⑮ 20+50 =

⑯ 90−70 =

⑰ 80−60 =

⑱ 60−40 =

⑲ 70−30 =

⑳ 50−10 =

㉑ 50+20 =

㉒ 40+30 =

㉓ 80+10 =

㉔ 20+70 =

㉕ 40+40 =

㉖ 80−50 =

㉗ 90−10 =

㉘ 50−30 =

㉙ 60−20 =

㉚ 40−20 =

①
```
    6 0
  + 2 0
  ─────
```

②
```
    1 0
  + 7 0
  ─────
```

③
```
    4 0
  + 4 0
  ─────
```

④
```
    3 0
  + 5 0
  ─────
```

⑤
```
    1 0
  + 1 0
  ─────
```

⑥
```
    7 0
  + 2 0
  ─────
```

⑦
```
    4 0
  + 1 0
  ─────
```

⑧
```
    2 0
  + 5 0
  ─────
```

⑨
```
    6 0
  + 3 0
  ─────
```

⑩
```
    3 0
  + 3 0
  ─────
```

⑪
```
    5 0
  + 1 0
  ─────
```

⑫
```
    2 0
  + 4 0
  ─────
```

⑬
```
    7 0
  - 1 0
  ─────
```

⑭
```
    8 0
  - 5 0
  ─────
```

⑮
```
    9 0
  - 2 0
  ─────
```

⑯
```
    4 0
  - 4 0
  ─────
```

⑰
```
    5 0
  - 2 0
  ─────
```

⑱
```
    6 0
  - 3 0
  ─────
```

⑲
```
    3 0
  - 1 0
  ─────
```

⑳
```
    9 0
  - 8 0
  ─────
```

㉑
```
    7 0
  - 4 0
  ─────
```

㉒
```
    8 0
  - 2 0
  ─────
```

㉓
```
    6 0
  - 4 0
  ─────
```

㉔
```
    5 0
  - 1 0
  ─────
```

① 40+20=

② 20+60=

③ 50+30=

④ 10+30=

⑤ 10+40=

⑥ 60-30=

⑦ 40-20=

⑧ 50-10=

⑨ 80-50=

⑩ 70-30=

⑪ 10+70=

⑫ 40+50=

⑬ 80+10=

⑭ 40+30=

⑮ 20+10=

⑯ 80-60=

⑰ 70-50=

⑱ 90-10=

⑲ 90-80=

⑳ 50-40=

㉑ 20+50=

㉒ 30+60=

㉓ 50+40=

㉔ 70+20=

㉕ 60+10=

㉖ 60-10=

㉗ 80-40=

㉘ 90-50=

㉙ 40-10=

㉚ 90-20=

①
```
    5 0
+   2 0
```

②
```
    6 0
+   3 0
```

③
```
    1 0
+   4 0
```

④
```
    3 0
+   3 0
```

⑤
```
    7 0
+   1 0
```

⑥
```
    5 0
+   1 0
```

⑦
```
    8 0
+   1 0
```

⑧
```
    4 0
+   2 0
```

⑨
```
    4 0
+   5 0
```

⑩
```
    6 0
+   2 0
```

⑪
```
    7 0
+   2 0
```

⑫
```
    1 0
+   5 0
```

⑬
```
    6 0
−   4 0
```

⑭
```
    7 0
−   3 0
```

⑮
```
    8 0
−   4 0
```

⑯
```
    9 0
−   5 0
```

⑰
```
    7 0
−   4 0
```

⑱
```
    6 0
−   3 0
```

⑲
```
    8 0
−   1 0
```

⑳
```
    9 0
−   6 0
```

㉑
```
    7 0
−   5 0
```

㉒
```
    5 0
−   1 0
```

㉓
```
    4 0
−   2 0
```

㉔
```
    8 0
−   2 0
```

① 40+40 =

② 30+10 =

③ 60+20 =

④ 50+10 =

⑤ 20+20 =

⑥ 90-20 =

⑦ 40-30 =

⑧ 70-20 =

⑨ 80-40 =

⑩ 60-50 =

⑪ 30+20 =

⑫ 10+80 =

⑬ 50+20 =

⑭ 40+50 =

⑮ 10+10 =

⑯ 80-20 =

⑰ 90-10 =

⑱ 60-30 =

⑲ 70-50 =

⑳ 50-20 =

㉑ 20+70 =

㉒ 10+50 =

㉓ 10+70 =

㉔ 30+60 =

㉕ 40+10 =

㉖ 50-10 =

㉗ 30-20 =

㉘ 80-70 =

㉙ 90-80 =

㉚ 80-30 =

9 단계

(몇십몇)+(몇십몇),
(몇십몇)-(몇십몇)

▶ 학습계획 : 매일 공부할 날짜를 정하고, 계획에 맞게 공부하세요.

일차	1일차	2일차	3일차	4일차	5일차
날짜	/	/	/	/	/

▶ 학습연계 : 지금 무엇을 배우는지 확인하고, 이전에 배운 단계와 앞으로 배울 단계를 살펴보세요.

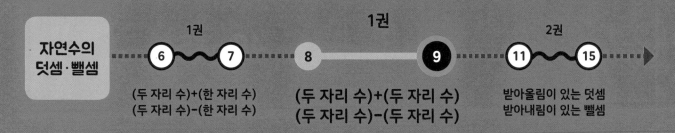

자연수의
덧셈 · 뺄셈

1권
6 — 7

(두 자리 수)+(한 자리 수)
(두 자리 수)-(한 자리 수)

1권
8 — 9

(두 자리 수)+(두 자리 수)
(두 자리 수)-(두 자리 수)

2권
11 — 15

받아올림이 있는 덧셈
받아내림이 있는 뺄셈

이렇게 계산해요!

9 (몇십몇)+(몇십몇), (몇십몇)−(몇십몇)

두 자리 수끼리 계산할 때도 자리를 맞춰야 해요!

(몇십몇)+(몇십몇), (몇십몇)−(몇십몇)의 계산은 한 가지만 기억해요.
일의 자리끼리, 십의 자리끼리 자리를 맞추어 계산하는 것!

두 자리 수의 덧셈

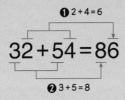

두 자리 수의 뺄셈

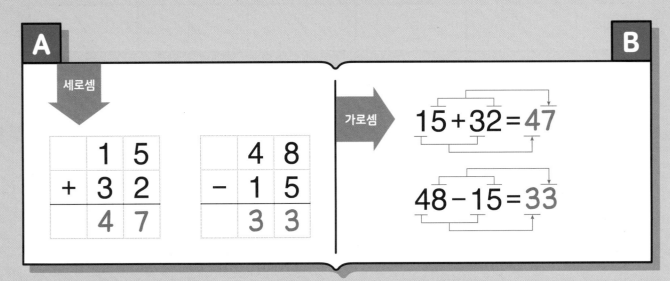

①
```
    3 1
  + 5 0
```

②
```
    2 4
  + 5 1
```

③
```
    6 2
  + 1 7
```

④
```
    5 3
  + 3 3
```

⑤
```
    4 2
  + 4 6
```

⑥
```
    1 1
  + 7 5
```

⑦
```
    5 0
  + 1 6
```

⑧
```
    2 1
  + 2 6
```

⑨
```
    3 5
  + 1 2
```

⑩
```
    4 7
  + 5 1
```

⑪
```
    6 2
  + 1 3
```

⑫
```
    3 6
  + 3 2
```

⑬
```
    8 7
  − 1 1
```

⑭
```
    5 9
  − 4 0
```

⑮
```
    6 3
  − 3 3
```

⑯
```
    7 6
  − 7 4
```

⑰
```
    9 4
  − 6 2
```

⑱
```
    6 9
  − 2 6
```

⑲
```
    7 5
  − 1 3
```

⑳
```
    6 3
  − 5 2
```

㉑
```
    8 8
  − 4 2
```

㉒
```
    9 6
  − 3 6
```

㉓
```
    6 2
  − 4 1
```

㉔
```
    7 5
  − 3 4
```

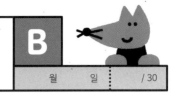
① 70＋11 ＝

② 42＋42 ＝

③ 66＋32 ＝

④ 15＋14 ＝

⑤ 29＋20 ＝

⑥ 48－18 ＝

⑦ 94－34 ＝

⑧ 86－23 ＝

⑨ 35－15 ＝

⑩ 29－27 ＝

⑪ 51＋38 ＝

⑫ 32＋57 ＝

⑬ 16＋52 ＝

⑭ 64＋15 ＝

⑮ 26＋21 ＝

⑯ 97－71 ＝

⑰ 84－63 ＝

⑱ 61－41 ＝

⑲ 77－33 ＝

⑳ 52－10 ＝

㉑ 52＋17 ＝

㉒ 43＋35 ＝

㉓ 84＋13 ＝

㉔ 25＋71 ＝

㉕ 44＋43 ＝

㉖ 85－85 ＝

㉗ 94－11 ＝

㉘ 57－32 ＝

㉙ 69－28 ＝

㉚ 46－22 ＝

①
```
    4 2
+   1 7
```

②
```
    3 0
+   5 9
```

③
```
    6 1
+   1 2
```

④
```
    1 3
+   5 4
```

⑤
```
    2 3
+   3 5
```

⑥
```
    5 7
+   4 1
```

⑦
```
    2 5
+   6 3
```

⑧
```
    1 2
+   7 2
```

⑨
```
    5 3
+   2 4
```

⑩
```
    4 4
+   3 2
```

⑪
```
    3 1
+   3 6
```

⑫
```
    7 5
+   2 0
```

⑬
```
    3 9
−   2 8
```

⑭
```
    9 3
−   4 2
```

⑮
```
    4 8
−   3 8
```

⑯
```
    7 6
−   2 0
```

⑰
```
    9 8
−   7 7
```

⑱
```
    8 4
−   4 3
```

⑲
```
    7 2
−   5 1
```

⑳
```
    5 4
−   1 4
```

㉑
```
    6 4
−   2 1
```

㉒
```
    8 5
−   8 1
```

㉓
```
    3 6
−   1 4
```

㉔
```
    2 9
−   1 3
```

① 43+55 =

② 26+21 =

③ 32+27 =

④ 83+11 =

⑤ 52+34 =

⑥ 38−16 =

⑦ 85−60 =

⑧ 49−37 =

⑨ 99−69 =

⑩ 74−51 =

⑪ 66+33 =

⑫ 14+52 =

⑬ 75+20 =

⑭ 36+41 =

⑮ 24+15 =

⑯ 86−54 =

⑰ 69−27 =

⑱ 95−14 =

⑲ 53−41 =

⑳ 64−33 =

㉑ 11+45 =

㉒ 60+28 =

㉓ 47+31 =

㉔ 23+56 =

㉕ 51+15 =

㉖ 62−11 =

㉗ 57−22 =

㉘ 28−16 =

㉙ 89−35 =

㉚ 44−43 =

①
```
    8 1
+ 1 5
```

②
```
    4 2
+ 5 7
```

③
```
    7 0
+ 2 9
```

④
```
    2 5
+ 2 2
```

⑤
```
    1 7
+ 7 1
```

⑥
```
    3 2
+ 3 6
```

⑦
```
    3 4
+ 2 2
```

⑧
```
    1 6
+ 6 2
```

⑨
```
    5 1
+ 3 3
```

⑩
```
    6 3
+ 3 5
```

⑪
```
    4 3
+ 4 0
```

⑫
```
    8 5
+ 1 2
```

⑬
```
    5 3
− 3 2
```

⑭
```
    7 6
− 1 2
```

⑮
```
    6 9
− 2 3
```

⑯
```
    4 8
− 2 7
```

⑰
```
    9 4
− 5 1
```

⑱
```
    5 5
− 2 5
```

⑲
```
    9 8
− 4 5
```

⑳
```
    3 3
− 2 2
```

㉑
```
    8 7
− 5 4
```

㉒
```
    7 5
− 7 0
```

㉓
```
    8 6
− 3 1
```

㉔
```
    6 8
− 5 6
```

① $41+25=$

② $18+51=$

③ $25+22=$

④ $60+34=$

⑤ $57+12=$

⑥ $98-15=$

⑦ $72-42=$

⑧ $39-26=$

⑨ $86-32=$

⑩ $57-11=$

⑪ $33+33=$

⑫ $85+14=$

⑬ $52+27=$

⑭ $17+41=$

⑮ $43+52=$

⑯ $76-33=$

⑰ $28-16=$

⑱ $94-53=$

⑲ $66-60=$

⑳ $83-42=$

㉑ $32+50=$

㉒ $82+15=$

㉓ $16+23=$

㉔ $42+44=$

㉕ $37+61=$

㉖ $64-43=$

㉗ $79-22=$

㉘ $48-13=$

㉙ $93-72=$

㉚ $55-31=$

①
```
    6 0
+   3 7
```

②
```
    2 7
+   4 2
```

③
```
    8 3
+   1 3
```

④
```
    5 2
+   2 1
```

⑤
```
    1 4
+   7 3
```

⑥
```
    3 5
+   4 4
```

⑦
```
    4 8
+   4 1
```

⑧
```
    7 2
+   1 5
```

⑨
```
    3 1
+   2 0
```

⑩
```
    6 4
+   1 3
```

⑪
```
    4 3
+   2 6
```

⑫
```
    2 5
+   7 4
```

⑬
```
    7 3
-   2 2
```

⑭
```
    3 8
-   2 4
```

⑮
```
    9 5
-   4 1
```

⑯
```
    5 6
-   1 6
```

⑰
```
    8 4
-   6 3
```

⑱
```
    4 9
-   4 0
```

⑲
```
    2 5
-   1 2
```

⑳
```
    6 9
-   5 9
```

㉑
```
    8 9
-   6 6
```

㉒
```
    7 4
-   3 2
```

㉓
```
    9 3
-   7 1
```

㉔
```
    5 8
-   1 5
```

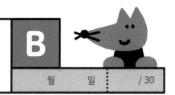

① 55+23 =

② 38+61 =

③ 82+14 =

④ 17+50 =

⑤ 64+25 =

⑥ 56−56 =

⑦ 67−55 =

⑧ 29−17 =

⑨ 87−36 =

⑩ 54−10 =

⑪ 60+13 =

⑫ 42+42 =

⑬ 23+75 =

⑭ 77+11 =

⑮ 21+24 =

⑯ 88−81 =

⑰ 35−14 =

⑱ 96−52 =

⑲ 58−28 =

⑳ 74−21 =

㉑ 22+31 =

㉒ 71+26 =

㉓ 43+12 =

㉔ 33+31 =

㉕ 56+41 =

㉖ 75−41 =

㉗ 99−86 =

㉘ 36−13 =

㉙ 69−28 =

㉚ 48−35 =

①
```
    5 6
+   3 0
─────────
```

②
```
    1 2
+   2 3
─────────
```

③
```
    7 5
+   1 4
─────────
```

④
```
    6 1
+   3 7
─────────
```

⑤
```
    4 4
+   5 2
─────────
```

⑥
```
    2 7
+   4 2
─────────
```

⑦
```
    3 3
+   1 5
─────────
```

⑧
```
    2 0
+   5 9
─────────
```

⑨
```
    4 2
+   1 6
─────────
```

⑩
```
    2 1
+   3 1
─────────
```

⑪
```
    1 8
+   8 1
─────────
```

⑫
```
    5 5
+   1 3
─────────
```

⑬
```
    9 2
−   4 1
─────────
```

⑭
```
    3 5
−   1 1
─────────
```

⑮
```
    8 7
−   7 0
─────────
```

⑯
```
    2 9
−   1 6
─────────
```

⑰
```
    5 8
−   2 4
─────────
```

⑱
```
    7 3
−   6 2
─────────
```

⑲
```
    6 4
−   3 4
─────────
```

⑳
```
    4 7
−   2 3
─────────
```

㉑
```
    9 5
−   1 4
─────────
```

㉒
```
    5 8
−   4 2
─────────
```

㉓
```
    8 8
−   3 3
─────────
```

㉔
```
    3 6
−   2 4
─────────
```

① 14+52＝

② 31+46＝

③ 70+29＝

④ 54+42＝

⑤ 38+30＝

⑥ 66−36＝

⑦ 49−28＝

⑧ 73−21＝

⑨ 54−44＝

⑩ 97−56＝

⑪ 23+45＝

⑫ 43+16＝

⑬ 64+31＝

⑭ 57+22＝

⑮ 11+67＝

⑯ 85−41＝

⑰ 39−17＝

⑱ 56−22＝

⑲ 97−90＝

⑳ 22−11＝

㉑ 27+41＝

㉒ 62+15＝

㉓ 13+86＝

㉔ 24+21＝

㉕ 54+34＝

㉖ 38−13＝

㉗ 82−61＝

㉘ 27−15＝

㉙ 45−34＝

㉚ 59−23＝

1학년 방정식

1학년에서 □가 있는 방정식은 10 이하의 수만 다루고 있어서 수 감각이 있다면 직관적으로 문제를 풀 수 있어요. 주어진 식을 □를 구하는 식으로 바꾸어 문제를 푸는 것보다 동그라미를 그리거나 손을 꼽아 세면서 구하는 게 더 쉽죠. 대신 1학년에서는 식에 대해 이해하는 것이 더 필요해요.

□가 있는 식이 어떤 의미인지 말로 설명하는 연습을 하면서 문제를 풀면 더 좋아요.

일차	학습내용		날짜
1일차	□가 있는 덧셈식	5 + □ = 8에서 □ = ?	/
2일차	□가 있는 덧셈식	□ + 1 = 6에서 □ = ?	/
3일차	□가 있는 뺄셈식	5 - □ = 2에서 □ = ?	/
4일차	□가 있는 뺄셈식	□ - 5 = 1에서 □ = ?	/
5일차	□가 있는 덧셈식, 뺄셈식의 활용		/

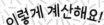

10 1학년 방정식

□가 있는 식을 말로 설명해 봐요.

식 '2+1=3'을 말로 설명하면 '2개에 1개를 더했더니 3개가 되었어.'예요.
식만 볼 때에는 딱딱했는데 말로 바꾸니까 이해가 쏙 됩니다.
그럼 '2+□=5'를 말로 설명해 볼까요? □가 있는 식은 □가 얼마인지 물어보는 거예요.

식   말

2 + ? = 5 → 2개에 몇 개를 더해야 5개가 될까?

□가 있는 식을 그림으로 나타내요.

'=' 기호를 어느 한쪽으로도 기울어지지 않고 양쪽이 똑같은 저울이라고 생각해 보세요.
식에서 '=' 기호의 양쪽에 있는 수만큼 저울의 양쪽에 그림으로 나타내어 봅니다.
저울의 양쪽이 같아지려면 □가 얼마가 되어야 하는지 쉽게 찾을 수 있어요.

몇 개를 더 그려야
5개가 될까요?

3개를 더 그리니까
양쪽이 같아졌죠?
□=3입니다.

2 + □   5

2 + □ = 5   □ = 3

2 + □ = 5 ➡ 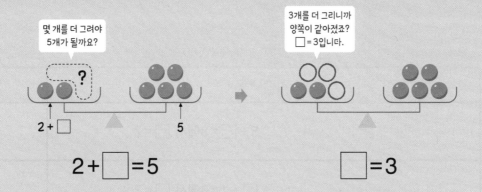 ➡ □ = <u>3</u>

★ 양쪽의 구슬 수가 같아지도록 ○를 그리고 □의 값을 구하세요.

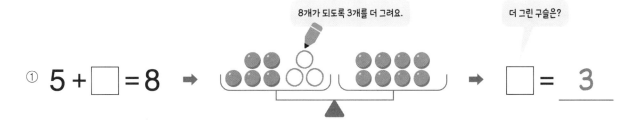

8개가 되도록 3개를 더 그려요.   더 그린 구슬은?

① $5 + \square = 8$ ➡ ➡ $\square = \underline{3}$

② $2 + \square = 4$ ➡ ➡ $\square = \underline{}$

③ $1 + \square = 5$ ➡ ➡ $\square = \underline{}$

④ $3 + \square = 4$ ➡ ➡ $\square = \underline{}$

⑤ $2 + \square = 9$ ➡ ➡ $\square = \underline{}$

★ □ 안에 알맞은 수를 써넣으세요.

① $3 + \boxed{2} = 5$

••• ○○
└ 5가 되도록 ○를 그리면 '2'개예요.

② $6 + \boxed{} = 9$

③ $2 + \boxed{} = 8$

④ $1 + \boxed{} = 2$

⑤ $6 + \boxed{} = 7$

⑥ $4 + \boxed{} = 9$

⑦ $8 + \boxed{} = 8$

⑧ $4 + \boxed{} = 8$

⑨ $0 + \boxed{} = 6$

⑩ $2 + \boxed{} = 5$

⑪ $3 + \boxed{} = 6$

⑫ $4 + \boxed{} = 5$

⑬ $7 + \boxed{} = 9$

⑭ $8 + \boxed{} = 9$

⑮ $1 + \boxed{} = 8$

⑯ $5 + \boxed{} = 7$

★ 양쪽의 구슬 수가 같아지도록 ○를 그리고 □의 값을 구하세요.

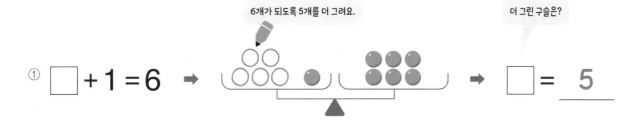

6개가 되도록 5개를 더 그려요.

더 그린 구슬은?

① $\square + 1 = 6$ ➡ ➡ $\square = \underline{\quad 5 \quad}$

② $\square + 2 = 8$ ➡ ➡ $\square = \underline{\qquad}$

③ $\square + 3 = 4$ ➡ ➡ $\square = \underline{\qquad}$

④ $\square + 0 = 3$ ➡ ➡ $\square = \underline{\qquad}$

⑤ $\square + 5 = 9$ ➡ ➡ $\square = \underline{\qquad}$

★ □ 안에 알맞은 수를 써넣으세요.

① [ ] + 4 = 6

    ○○   ●●●●
    ↑ 6이 되도록 ○를 그리면 '2'개예요.

② [ ] + 3 = 7

③ [ ] + 2 = 6

④ [ ] + 3 = 6

⑤ [ ] + 0 = 9

⑥ [ ] + 1 = 9

⑦ [ ] + 1 = 7

⑧ [ ] + 7 = 8

⑨ [ ] + 8 = 9

⑩ [ ] + 1 = 4

⑪ [ ] + 7 = 9

⑫ [ ] + 4 = 8

⑬ [ ] + 4 = 9

⑭ [ ] + 6 = 9

⑮ [ ] + 2 = 3

⑯ [ ] + 5 = 7

★ 양쪽의 구슬 수가 같아지도록 구슬을 ╱으로 지우고 □의 값을 구하세요.

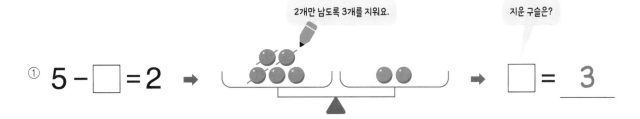

① 5 - □ = 2 ➡ 2개만 남도록 3개를 지워요. ➡ 지운 구슬은? □ = 3

② 8 - □ = 6 ➡ □ = ___

③ 4 - □ = 3 ➡ □ = ___

④ 9 - □ = 5 ➡ □ = ___

⑤ 6 - □ = 1 ➡ □ = ___

★ □ 안에 알맞은 수를 써넣으세요.

① $8 - \boxed{} = 4$

⚫⚫⚫⚫⚫↗
└─ 4개만 남기려면
'4'개를 지워야 해요.

② $2 - \boxed{} = 1$

③ $7 - \boxed{} = 2$

④ $5 - \boxed{} = 3$

⑤ $9 - \boxed{} = 2$

⑥ $6 - \boxed{} = 6$

⑦ $5 - \boxed{} = 1$

⑧ $7 - \boxed{} = 6$

⑨ $6 - \boxed{} = 3$

⑩ $8 - \boxed{} = 2$

⑪ $7 - \boxed{} = 0$

⑫ $8 - \boxed{} = 3$

⑬ $4 - \boxed{} = 1$

⑭ $6 - \boxed{} = 2$

⑮ $9 - \boxed{} = 6$

⑯ $3 - \boxed{} = 1$

★ 뺀 구슬과 남은 구슬을 그리고 □의 값을 구하세요.

5개를 뺐더니 1개가 남았어요.

처음에 있던 구슬은?

① □ − 5 = 1 ➡  ➡ □ = 6

빤 구슬   남은 구슬

② □ − 2 = 6 ➡  ➡ □ = ___

③ □ − 4 = 3 ➡ ➡ □ = ___

④ □ − 1 = 1 ➡ ➡ □ = ___

⑤ □ − 7 = 2 ➡ ➡ □ = ___

★ □ 안에 알맞은 수를 써넣으세요.

① □ − 3 = 6

빼 수와 남은 수를 모두 더해요.

② □ − 2 = 0

③ □ − 4 = 4

④ □ − 2 = 5

⑤ □ − 4 = 2

⑥ □ − 2 = 7

⑦ □ − 3 = 5

⑧ □ − 1 = 5

⑨ □ − 3 = 1

⑩ □ − 2 = 2

⑪ □ − 4 = 5

⑫ □ − 2 = 3

⑬ □ − 6 = 3

⑭ □ − 1 = 4

⑮ □ − 7 = 1

⑯ □ − 2 = 1

5 Day

1학년 방정식

A

월   일   / 16

★ □ 안에 알맞은 수를 써넣으세요.

① $5 + \boxed{} = 9$

② $1 + \boxed{} = 8$

③ $3 + \boxed{} = 7$

④ $2 + \boxed{} = 2$

⑤ $8 - \boxed{} = 0$

⑥ $6 - \boxed{} = 1$

⑦ $4 - \boxed{} = 2$

⑧ $7 - \boxed{} = 3$

⑨ $\boxed{} + 1 = 9$

⑩ $\boxed{} + 3 = 9$

⑪ $\boxed{} + 3 = 5$

⑫ $\boxed{} + 3 = 8$

⑬ $\boxed{} - 5 = 4$

⑭ $\boxed{} - 3 = 2$

⑮ $\boxed{} - 2 = 4$

⑯ $\boxed{} - 1 = 1$

① 엘리베이터에 **2**명이 타고 있었어요.

지금 <u>몇 명이 더 탔더니</u> 모두 **4**명이 되었어요.
^{+□}
더 탄 사람은 몇 명일까요?

식 $2 + \boxed{} = 4$

답   _____ 명

② 초콜릿 한 봉지를 샀어요.

초콜릿을 **4**개 먹었더니 **1**개만 남았어요.

<u>초콜릿 한 봉지에는 초콜릿이 몇 개</u> 들어 있었을까요?
_□

식   _____

답   _____ 개

③ 우리 집 백구가 강아지를 **3**마리 낳았어요.

그래서 백구네 가족은 모두 **5**마리가 되었어요.

<u>처음 백구네 가족은 몇 마리</u>였을까요?
_□

식   _____

답   _____ 마리

1권 끝!
2권으로 넘어갈까요?

앗!

본책의 정답과 풀이를 분실하셨나요?
길벗스쿨 홈페이지에 들어오시면 내려받으실 수 있습니다.
https://school.gilbut.co.kr/

기적의 계산법

정답

초등 1학년

1 권

정답

1 권

엄마표 학습 생활기록부

1 단계

<학습기간> 　월 　일 ~ 　월 　일

	① 매우 잘함	② 잘함	③ 보통	④ 노력 요함	종합의견	
계획 준수	① 매우 잘함	② 잘함	③ 보통	④ 노력 요함		
원리 이해	① 매우 잘함	② 잘함	③ 보통	④ 노력 요함		
시간 단축	① 매우 잘함	② 잘함	③ 보통	④ 노력 요함		
정확성	① 매우 잘함	② 잘함	③ 보통	④ 노력 요함		

2 단계

<학습기간> 　월 　일 ~ 　월 　일

	① 매우 잘함	② 잘함	③ 보통	④ 노력 요함	종합의견	
계획 준수	① 매우 잘함	② 잘함	③ 보통	④ 노력 요함		
원리 이해	① 매우 잘함	② 잘함	③ 보통	④ 노력 요함		
시간 단축	① 매우 잘함	② 잘함	③ 보통	④ 노력 요함		
정확성	① 매우 잘함	② 잘함	③ 보통	④ 노력 요함		

3 단계

<학습기간> 　월 　일 ~ 　월 　일

	① 매우 잘함	② 잘함	③ 보통	④ 노력 요함	종합의견	
계획 준수	① 매우 잘함	② 잘함	③ 보통	④ 노력 요함		
원리 이해	① 매우 잘함	② 잘함	③ 보통	④ 노력 요함		
시간 단축	① 매우 잘함	② 잘함	③ 보통	④ 노력 요함		
정확성	① 매우 잘함	② 잘함	③ 보통	④ 노력 요함		

4 단계

<학습기간> 　월 　일 ~ 　월 　일

	① 매우 잘함	② 잘함	③ 보통	④ 노력 요함	종합의견	
계획 준수	① 매우 잘함	② 잘함	③ 보통	④ 노력 요함		
원리 이해	① 매우 잘함	② 잘함	③ 보통	④ 노력 요함		
시간 단축	① 매우 잘함	② 잘함	③ 보통	④ 노력 요함		
정확성	① 매우 잘함	② 잘함	③ 보통	④ 노력 요함		

5 단계

<학습기간> 　월 　일 ~ 　월 　일

	① 매우 잘함	② 잘함	③ 보통	④ 노력 요함	종합의견	
계획 준수	① 매우 잘함	② 잘함	③ 보통	④ 노력 요함		
원리 이해	① 매우 잘함	② 잘함	③ 보통	④ 노력 요함		
시간 단축	① 매우 잘함	② 잘함	③ 보통	④ 노력 요함		
정확성	① 매우 잘함	② 잘함	③ 보통	④ 노력 요함		

6 단계　　　　　　　　　　　　　　　　　　　　　　　　　　＜학습기간＞　　월　　일 ~ 　월　　일

계획 준수	① 매우 잘함	② 잘함	③ 보통	④ 노력 요함	종합의견	
원리 이해	① 매우 잘함	② 잘함	③ 보통	④ 노력 요함		
시간 단축	① 매우 잘함	② 잘함	③ 보통	④ 노력 요함		
정확성	① 매우 잘함	② 잘함	③ 보통	④ 노력 요함		

7 단계　　　　　　　　　　　　　　　　　　　　　　　　　　＜학습기간＞　　월　　일 ~ 　월　　일

계획 준수	① 매우 잘함	② 잘함	③ 보통	④ 노력 요함	종합의견	
원리 이해	① 매우 잘함	② 잘함	③ 보통	④ 노력 요함		
시간 단축	① 매우 잘함	② 잘함	③ 보통	④ 노력 요함		
정확성	① 매우 잘함	② 잘함	③ 보통	④ 노력 요함		

8 단계　　　　　　　　　　　　　　　　　　　　　　　　　　＜학습기간＞　　월　　일 ~ 　월　　일

계획 준수	① 매우 잘함	② 잘함	③ 보통	④ 노력 요함	종합의견	
원리 이해	① 매우 잘함	② 잘함	③ 보통	④ 노력 요함		
시간 단축	① 매우 잘함	② 잘함	③ 보통	④ 노력 요함		
정확성	① 매우 잘함	② 잘함	③ 보통	④ 노력 요함		

9 단계　　　　　　　　　　　　　　　　　　　　　　　　　　＜학습기간＞　　월　　일 ~ 　월　　일

계획 준수	① 매우 잘함	② 잘함	③ 보통	④ 노력 요함	종합의견	
원리 이해	① 매우 잘함	② 잘함	③ 보통	④ 노력 요함		
시간 단축	① 매우 잘함	② 잘함	③ 보통	④ 노력 요함		
정확성	① 매우 잘함	② 잘함	③ 보통	④ 노력 요함		

10 단계　　　　　　　　　　　　　　　　　　　　　　　　　＜학습기간＞　　월　　일 ~ 　월　　일

계획 준수	① 매우 잘함	② 잘함	③ 보통	④ 노력 요함	종합의견	
원리 이해	① 매우 잘함	② 잘함	③ 보통	④ 노력 요함		
시간 단축	① 매우 잘함	② 잘함	③ 보통	④ 노력 요함		
정확성	① 매우 잘함	② 잘함	③ 보통	④ 노력 요함		

1 단계

수를 가르고 모으기

지도가이드

1단계에서는 덧셈과 뺄셈의 기본 원리가 되는 가르기와 모으기를 배웁니다. A형에서는 반구체물인 ●을 사용하여 수량을 직접 세어서 가르기와 모으기를 합니다. 이 활동이 익숙해지면 반구체물을 사용하지 않고 수만 보고 가르기와 모으기를 합니다. 아이가 B형을 어려워하면 수 아래에 ●을 그려서 이해할 수 있도록 지도해 주세요.

1 Day

11쪽 A

① ●●
② ●●●
③ ●
④ ●●●
⑤ ●●
⑥ ●●
⑦ ●●●●●
⑧ ●●
⑨ ●●●●●
⑩ ●●●●
⑪ ●
⑫ ●●
⑬ ●●●●
⑭ ●●●●
⑮ ●●●●

12쪽 B

① 4
② 1
③ 1
④ 7
⑤ 4
⑥ 6
⑦ 4
⑧ 2
⑨ 7
⑩ 9
⑪ 2
⑫ 9
⑬ 4
⑭ 1
⑮ 3

2 Day

13쪽 A

① ●
② ●●●
③ ●●●
④ ●●●●
⑤ ●
⑥ ●
⑦ ●●●●
⑧ ●●
⑨ ●●
⑩ ●●●●
⑪ ●●
⑫ ●●●●●●
⑬ ●
⑭ ●●
⑮ ●●●

14쪽 B

① 2
② 2
③ 4
④ 1
⑤ 1
⑥ 9
⑦ 8
⑧ 6
⑨ 7
⑩ 4
⑪ 8
⑫ 5
⑬ 1
⑭ 1
⑮ 5

3 Day

15쪽 Ⓐ

① ●	⑥ ●●	⑪ ●●●●
② ●●	⑦ ●●●●●●●	⑫ ●●●●
③ ●●●	⑧ ●●●	⑬ ●
④ ●	⑨ ●●	⑭ ●●
⑤ ●●●●	⑩ ●●●●●●	⑮ ●●●●●

16쪽 Ⓑ

① 5	⑥ 7	⑪ 3
② 1	⑦ 4	⑫ 7
③ 1	⑧ 6	⑬ 2
④ 2	⑨ 2	⑭ 3
⑤ 7	⑩ 7	⑮ 9

4 Day

17쪽 Ⓐ

① ●	⑥ ●●●●●	⑪ ●●
② ●●●●	⑦ ●●	⑫ ●●●●
③ ●●	⑧ ●●●	⑬ ●●●●●
④ ●●	⑨ ●●●●●	⑭ ●
⑤ ●●●	⑩ ●●●	⑮ ●●●

18쪽 Ⓑ

① 3	⑥ 1	⑪ 9
② 6	⑦ 5	⑫ 8
③ 4	⑧ 6	⑬ 3
④ 6	⑨ 1	⑭ 4
⑤ 1	⑩ 4	⑮ 4

5 Day

19쪽 Ⓐ

① ●●	⑥ ●●●●●●	⑪ ●●
② ●●●●●	⑦ ●●●●●●	⑫ ●●●
③ ●●●●●●	⑧ ●●●●	⑬ ●
④ ●●●●	⑨ ●	⑭ ●●
⑤ ●●●	⑩ ●●●	⑮ ●●●●

20쪽 Ⓑ

① 3	⑥ 5	⑪ 8
② 2	⑦ 2	⑫ 4
③ 5	⑧ 6	⑬ 1
④ 6	⑨ 8	⑭ 6
⑤ 2	⑩ 1	⑮ 9

2 단계

합이 9까지인 덧셈

2단계에서는 합이 9까지인 덧셈, 즉 받아올림이 없는 한 자리 수 덧셈을 배웁니다. 숫자와 +, = 기호로 나타낸 덧셈식을 낯설어 하는 아이에게는 숫자 아래에 ●을 그려서 1단계에서 배운 모으기와 연관지어 설명해 주세요. 아이의 발달 단계에 따라 추상화, 기호화를 이해하기 쉽지 않은 경우에는 바둑알, 손가락 등의 반구체물을 사용하여 이해를 돕습니다.

지도가이드

1 Day

23쪽 Ⓐ

① 7	⑪ 4	㉑ 3
② 2	⑫ 8	㉒ 9
③ 7	⑬ 9	㉓ 5
④ 8	⑭ 5	㉔ 7
⑤ 8	⑮ 6	㉕ 9
⑥ 7	⑯ 6	㉖ 4
⑦ 7	⑰ 8	㉗ 7
⑧ 9	⑱ 8	㉘ 5
⑨ 3	⑲ 6	㉙ 6
⑩ 9	⑳ 4	㉚ 4

24쪽 Ⓑ

	+0	+3	+4	+2	+1
2	2	5	6	4	3
1	1	4	5	3	2
4	4	7	8	6	5
3	3	6	7	5	4
0	0	3	4	2	1
5	5	8	9	7	6

2 Day

25쪽 Ⓐ

① 2	⑪ 7	㉑ 5
② 6	⑫ 8	㉒ 8
③ 8	⑬ 6	㉓ 9
④ 5	⑭ 8	㉔ 4
⑤ 6	⑮ 8	㉕ 4
⑥ 9	⑯ 7	㉖ 9
⑦ 1	⑰ 7	㉗ 7
⑧ 8	⑱ 9	㉘ 3
⑨ 8	⑲ 6	㉙ 5
⑩ 3	⑳ 8	㉚ 9

26쪽 Ⓑ

	+4	+0	+1	+3	+2
1	5	1	2	4	3
5	9	5	6	8	7
0	4	0	1	3	2
3	7	3	4	6	5
2	6	2	3	5	4
4	8	4	5	7	6

3 Day

27쪽 Ⓐ

① 9　⑪ 7　㉑ 7
② 6　⑫ 6　㉒ 2
③ 5　⑬ 7　㉓ 8
④ 7　⑭ 9　㉔ 9
⑤ 7　⑮ 3　㉕ 5
⑥ 6　⑯ 8　㉖ 9
⑦ 4　⑰ 5　㉗ 9
⑧ 9　⑱ 8　㉘ 6
⑨ 4　⑲ 9　㉙ 8
⑩ 8　⑳ 8　㉚ 4

28쪽 Ⓑ

	+3	+1	+0	+4	+2
3	6	4	3	7	5
1	4	2	1	5	3
5	8	6	5	9	7
2	5	3	2	6	4
0	3	1	0	4	2
4	7	5	4	8	6

4 Day

29쪽 Ⓐ

① 6　⑪ 9　㉑ 9
② 7　⑫ 9　㉒ 9
③ 8　⑬ 8　㉓ 2
④ 6　⑭ 5　㉔ 5
⑤ 5　⑮ 8　㉕ 7
⑥ 7　⑯ 4　㉖ 3
⑦ 6　⑰ 7　㉗ 8
⑧ 6　⑱ 9　㉘ 9
⑨ 6　⑲ 3　㉙ 6
⑩ 9　⑳ 9　㉚ 7

30쪽 Ⓑ

	+2	+4	+3	+0	+1
5	7	9	8	5	6
3	5	7	6	3	4
1	3	5	4	1	2
0	2	4	3	0	1
4	6	8	7	4	5
2	4	6	5	2	3

5 Day

31쪽 Ⓐ

① 5　⑪ 2　㉑ 2
② 9　⑫ 6　㉒ 8
③ 8　⑬ 9　㉓ 9
④ 8　⑭ 7　㉔ 6
⑤ 6　⑮ 6　㉕ 4
⑥ 5　⑯ 3　㉖ 7
⑦ 9　⑰ 9　㉗ 7
⑧ 9　⑱ 3　㉘ 8
⑨ 5　⑲ 4　㉙ 9
⑩ 4　⑳ 7　㉚ 8

32쪽 Ⓑ

	+1	+4	+0	+2	+3
4	5	8	4	6	7
2	3	6	2	4	5
0	1	4	0	2	3
1	2	5	1	3	4
3	4	7	3	5	6
5	6	9	5	7	8

3단계 차가 9까지인 뺄셈

3단계에서는 (한 자리 수) - (한 자리 수)를 배웁니다.

2단계처럼 숫자와 −, = 기호로 나타낸 뺄셈식을 낯설어 하는 아이에게는 숫자 아래에 ●을 그려서 1단계에서 배운 가르기와 연관지어 설명해 주세요. 뺄셈식에 익숙해질 수 있도록 충분히 연습합니다.

지도가이드

1 Day

35쪽 A

① 1	⑪ 4	㉑ 1
② 3	⑫ 1	㉒ 3
③ 2	⑬ 1	㉓ 1
④ 3	⑭ 2	㉔ 4
⑤ 3	⑮ 5	㉕ 2
⑥ 2	⑯ 4	㉖ 1
⑦ 6	⑰ 3	㉗ 8
⑧ 2	⑱ 7	㉘ 2
⑨ 6	⑲ 4	㉙ 3
⑩ 6	⑳ 4	㉚ 2

36쪽 B

	−1	−3	−0	−4	−5
7	6	4	7	3	2
5	4	2	5	1	0
9	8	6	9	5	4
6	5	3	6	2	1
8	7	5	8	4	3

2 Day

37쪽 A

① 6	⑪ 3	㉑ 6
② 3	⑫ 3	㉒ 1
③ 2	⑬ 1	㉓ 1
④ 4	⑭ 1	㉔ 4
⑤ 2	⑮ 3	㉕ 1
⑥ 1	⑯ 2	㉖ 3
⑦ 5	⑰ 7	㉗ 1
⑧ 7	⑱ 2	㉘ 6
⑨ 4	⑲ 3	㉙ 2
⑩ 5	⑳ 2	㉚ 4

38쪽 B

	−2	−5	−0	−4	−1
9	7	4	9	5	8
6	4	1	6	2	5
8	6	3	8	4	7
5	3	0	5	1	4
7	5	2	7	3	6

3 Day

39쪽 A

① 2	⑪ 1	㉑ 1
② 5	⑫ 2	㉒ 3
③ 5	⑬ 2	㉓ 3
④ 4	⑭ 1	㉔ 6
⑤ 4	⑮ 4	㉕ 2
⑥ 1	⑯ 2	㉖ 7
⑦ 4	⑰ 5	㉗ 6
⑧ 1	⑱ 2	㉘ 3
⑨ 4	⑲ 3	㉙ 1
⑩ 8	⑳ 6	㉚ 3

40쪽 B

	−4	−2	−1	−3	−5
8	4	6	7	5	3
9	5	7	8	6	4
5	1	3	4	2	0
7	3	5	6	4	2
6	2	4	5	3	1

4 Day

41쪽 A

① 7	⑪ 2	㉑ 4
② 1	⑫ 5	㉒ 4
③ 1	⑬ 4	㉓ 0
④ 2	⑭ 1	㉔ 2
⑤ 1	⑮ 3	㉕ 3
⑥ 3	⑯ 4	㉖ 6
⑦ 7	⑰ 5	㉗ 1
⑧ 2	⑱ 3	㉘ 3
⑨ 1	⑲ 8	㉙ 2
⑩ 1	⑳ 5	㉚ 1

42쪽 B

	−5	−3	−1	−0	−2
5	0	2	4	5	3
8	3	5	7	8	6
9	4	6	8	9	7
7	2	4	6	7	5
6	1	3	5	6	4

5 Day

43쪽 A

① 1	⑪ 3	㉑ 4
② 6	⑫ 3	㉒ 3
③ 2	⑬ 1	㉓ 3
④ 1	⑭ 2	㉔ 2
⑤ 5	⑮ 8	㉕ 2
⑥ 4	⑯ 1	㉖ 6
⑦ 4	⑰ 2	㉗ 1
⑧ 5	⑱ 5	㉘ 5
⑨ 1	⑲ 4	㉙ 2
⑩ 6	⑳ 7	㉚ 4

44쪽 B

	−0	−4	−5	−2	−3
6	6	2	1	4	3
8	8	4	3	6	5
9	9	5	4	7	6
5	5	1	0	3	2
7	7	3	2	5	4

4 단계

합과 차가 9까지인 덧셈과 뺄셈 종합

지도가이드

4단계에서는 합과 차가 9까지인 덧셈과 뺄셈을 종합하여 익힙니다.
덧셈과 뺄셈이 섞여 있으므로 숫자와 숫자 사이의 기호에 자기만의 표시를 하면서 덧셈
과 뺄셈을 서로 바꾸어 계산하지 않도록 지도해 주세요.

1 Day

47쪽 Ⓐ

① 7	⑪ 4	㉑ 4
② 8	⑫ 2	㉒ 0
③ 6	⑬ 9	㉓ 5
④ 1	⑭ 1	㉔ 2
⑤ 2	⑮ 9	㉕ 7
⑥ 1	⑯ 6	㉖ 3
⑦ 9	⑰ 7	㉗ 7
⑧ 2	⑱ 3	㉘ 9
⑨ 8	⑲ 9	㉙ 8
⑩ 7	⑳ 1	㉚ 0

48쪽 Ⓑ

① 6	⑦ 3	⑬ 2	⑲ 4
② 7	⑧ 1	⑭ 6	⑳ 1
③ 9	⑨ 2	⑮ 8	㉑ 9
④ 7	⑩ 6	⑯ 9	㉒ 5
⑤ 9	⑪ 0	⑰ 3	㉓ 1
⑥ 5	⑫ 1	⑱ 9	㉔ 0

2 Day

49쪽 Ⓐ

① 8	⑪ 5	㉑ 3
② 3	⑫ 4	㉒ 1
③ 4	⑬ 7	㉓ 9
④ 3	⑭ 2	㉔ 6
⑤ 9	⑮ 9	㉕ 5
⑥ 7	⑯ 1	㉖ 1
⑦ 2	⑰ 9	㉗ 7
⑧ 0	⑱ 6	㉘ 8
⑨ 6	⑲ 6	㉙ 8
⑩ 4	⑳ 3	㉚ 1

50쪽 Ⓑ

① 8	⑦ 3	⑬ 8	⑲ 1
② 9	⑧ 2	⑭ 5	⑳ 1
③ 7	⑨ 3	⑮ 4	㉑ 3
④ 2	⑩ 0	⑯ 8	㉒ 3
⑤ 8	⑪ 4	⑰ 6	㉓ 5
⑥ 8	⑫ 2	⑱ 9	㉔ 2

3 Day

51쪽 Ⓐ

① 7	⑪ 7	㉑ 4
② 4	⑫ 4	㉒ 2
③ 9	⑬ 7	㉓ 6
④ 1	⑭ 2	㉔ 4
⑤ 7	⑮ 8	㉕ 5
⑥ 6	⑯ 1	㉖ 0
⑦ 5	⑰ 1	㉗ 9
⑧ 3	⑱ 5	㉘ 1
⑨ 8	⑲ 7	㉙ 9
⑩ 3	⑳ 4	㉚ 2

52쪽 Ⓑ

① 7	⑦ 1	⑬ 4	⑲ 4
② 9	⑧ 4	⑭ 9	⑳ 2
③ 6	⑨ 2	⑮ 9	㉑ 1
④ 9	⑩ 4	⑯ 1	㉒ 3
⑤ 5	⑪ 2	⑰ 8	㉓ 2
⑥ 8	⑫ 7	⑱ 3	㉔ 0

4 Day

53쪽 Ⓐ

① 8	⑪ 6	㉑ 8
② 6	⑫ 6	㉒ 1
③ 7	⑬ 9	㉓ 9
④ 1	⑭ 3	㉔ 1
⑤ 2	⑮ 8	㉕ 6
⑥ 5	⑯ 5	㉖ 2
⑦ 9	⑰ 5	㉗ 5
⑧ 5	⑱ 2	㉘ 3
⑨ 2	⑲ 8	㉙ 3
⑩ 1	⑳ 4	㉚ 2

54쪽 Ⓑ

① 6	⑦ 4	⑬ 8	⑲ 1
② 8	⑧ 0	⑭ 5	⑳ 2
③ 7	⑨ 6	⑮ 6	㉑ 8
④ 9	⑩ 3	⑯ 9	㉒ 3
⑤ 7	⑪ 2	⑰ 6	㉓ 3
⑥ 9	⑫ 4	⑱ 7	㉔ 3

5 Day

55쪽 Ⓐ

① 9	⑪ 4	㉑ 7
② 1	⑫ 4	㉒ 4
③ 5	⑬ 7	㉓ 9
④ 2	⑭ 4	㉔ 3
⑤ 4	⑮ 9	㉕ 5
⑥ 0	⑯ 1	㉖ 7
⑦ 9	⑰ 9	㉗ 7
⑧ 1	⑱ 6	㉘ 4
⑨ 5	⑲ 8	㉙ 6
⑩ 5	⑳ 0	㉚ 2

56쪽 Ⓑ

① 3	⑦ 5	⑬ 8	⑲ 1
② 8	⑧ 3	⑭ 8	⑳ 7
③ 6	⑨ 2	⑮ 7	㉑ 3
④ 6	⑩ 1	⑯ 7	㉒ 1
⑤ 7	⑪ 2	⑰ 4	㉓ 3
⑥ 9	⑫ 3	⑱ 8	㉔ 0

연이은 덧셈, 뺄셈

5 단계

5단계에서는 세 수의 덧셈과 뺄셈을 하는 방법으로 앞에서부터 차례대로 연산을 하는 훈련을 합니다. 두 수의 덧셈이나 뺄셈이 능숙하지 않으면 2단계와 3단계로 되돌아가 학습 내용을 충분히 알고 있는지 점검합니다.

지도가이드

1 Day

59쪽 Ⓐ

① 6
② 6
③ 6
④ 8
⑤ 8
⑥ 8
⑦ 7
⑧ 9
⑨ 8
⑩ 9

⑪ 8
⑫ 9
⑬ 8
⑭ 9
⑮ 9
⑯ 8
⑰ 9
⑱ 9
⑲ 5
⑳ 7

60쪽 Ⓑ

① 2
② 0
③ 2
④ 1
⑤ 2
⑥ 3
⑦ 1
⑧ 5
⑨ 1
⑩ 2

⑪ 1
⑫ 2
⑬ 2
⑭ 0
⑮ 1
⑯ 0
⑰ 1
⑱ 3
⑲ 2
⑳ 2

2 Day

61쪽 Ⓐ

① 6
② 6
③ 8
④ 9
⑤ 9
⑥ 4
⑦ 9
⑧ 9
⑨ 6
⑩ 9

⑪ 7
⑫ 9
⑬ 9
⑭ 5
⑮ 9
⑯ 7
⑰ 9
⑱ 9
⑲ 9
⑳ 8

62쪽 Ⓑ

① 2
② 1
③ 5
④ 0
⑤ 2
⑥ 3
⑦ 3
⑧ 0
⑨ 1
⑩ 0

⑪ 2
⑫ 1
⑬ 1
⑭ 5
⑮ 1
⑯ 0
⑰ 2
⑱ 3
⑲ 3
⑳ 1

3 Day

63쪽 Ⓐ

① 9		⑪ 8	
② 5		⑫ 9	
③ 9		⑬ 7	
④ 8		⑭ 9	
⑤ 9		⑮ 6	
⑥ 7		⑯ 8	
⑦ 8		⑰ 5	
⑧ 7		⑱ 6	
⑨ 9		⑲ 8	
⑩ 9		⑳ 7	

64쪽 Ⓑ

① 4		⑪ 1	
② 0		⑫ 4	
③ 1		⑬ 1	
④ 1		⑭ 3	
⑤ 2		⑮ 3	
⑥ 2		⑯ 0	
⑦ 2		⑰ 1	
⑧ 2		⑱ 2	
⑨ 1		⑲ 5	
⑩ 1		⑳ 2	

4 Day

65쪽 Ⓐ

① 7		⑪ 3	
② 8		⑫ 9	
③ 8		⑬ 9	
④ 9		⑭ 8	
⑤ 7		⑮ 6	
⑥ 9		⑯ 7	
⑦ 8		⑰ 9	
⑧ 8		⑱ 6	
⑨ 9		⑲ 8	
⑩ 7		⑳ 9	

66쪽 Ⓑ

① 4		⑪ 1	
② 2		⑫ 0	
③ 2		⑬ 2	
④ 1		⑭ 1	
⑤ 5		⑮ 4	
⑥ 4		⑯ 2	
⑦ 1		⑰ 2	
⑧ 2		⑱ 1	
⑨ 3		⑲ 3	
⑩ 1		⑳ 2	

5 Day

67쪽 Ⓐ

① 9		⑪ 8	
② 6		⑫ 4	
③ 3		⑬ 7	
④ 8		⑭ 7	
⑤ 9		⑮ 8	
⑥ 9		⑯ 9	
⑦ 9		⑰ 7	
⑧ 7		⑱ 5	
⑨ 9		⑲ 8	
⑩ 6		⑳ 9	

68쪽 Ⓑ

① 0		⑪ 1	
② 6		⑫ 0	
③ 3		⑬ 3	
④ 1		⑭ 2	
⑤ 2		⑮ 1	
⑥ 3		⑯ 2	
⑦ 3		⑰ 2	
⑧ 1		⑱ 2	
⑨ 3		⑲ 1	
⑩ 1		⑳ 1	

6단계

(몇십)+(몇), (몇)+(몇십)

지도가이드

6단계에서는 두 자리 수의 구성 원리인 (몇십)+(몇)을 익힙니다. 아이들은 '1+70'에서 1과 7을 더하여 80이라고 답하는 경우가 종종 있습니다. 이러한 실수는 십의 자리와 일의 자리 개념이 확실하지 않기 때문입니다. '1+70'을 '70+1'로 바꾸거나 세로셈으로 나타내어 십의 자리에 7을, 일의 자리에 1을 써야 함을 이해시켜 주세요.

1 Day

71쪽 A

① 13	⑪ 71	㉑ 77
② 49	⑫ 82	㉒ 19
③ 57	⑬ 56	㉓ 51
④ 24	⑭ 58	㉔ 34
⑤ 75	⑮ 62	㉕ 22
⑥ 36	⑯ 94	㉖ 45
⑦ 67	⑰ 28	㉗ 98
⑧ 44	⑱ 33	㉘ 63
⑨ 69	⑲ 99	㉙ 16
⑩ 96	⑳ 86	㉚ 43

72쪽 B

① 21	⑦ 84	⑬ 47	⑲ 56
② 14	⑧ 69	⑭ 82	⑳ 68
③ 37	⑨ 11	⑮ 23	㉑ 81
④ 72	⑩ 88	⑯ 39	㉒ 24
⑤ 58	⑪ 35	⑰ 94	㉓ 31
⑥ 41	⑫ 96	⑱ 17	㉔ 75

2 Day

73쪽 A

① 62	⑪ 86	㉑ 52
② 48	⑫ 94	㉒ 91
③ 26	⑬ 51	㉓ 15
④ 83	⑭ 33	㉔ 47
⑤ 72	⑮ 74	㉕ 66
⑥ 97	⑯ 69	㉖ 58
⑦ 55	⑰ 18	㉗ 89
⑧ 43	⑱ 21	㉘ 76
⑨ 29	⑲ 98	㉙ 53
⑩ 75	⑳ 57	㉚ 41

74쪽 B

① 32	⑦ 65	⑬ 25	⑲ 78
② 47	⑧ 73	⑭ 91	⑳ 54
③ 11	⑨ 29	⑮ 37	㉑ 33
④ 92	⑩ 35	⑯ 43	㉒ 72
⑤ 59	⑪ 64	⑰ 77	㉓ 38
⑥ 44	⑫ 86	⑱ 16	㉔ 61

3 Day

75쪽 A

① 55	⑪ 35	㉑ 42
② 72	⑫ 82	㉒ 25
③ 48	⑬ 14	㉓ 12
④ 63	⑭ 52	㉔ 34
⑤ 85	⑮ 44	㉕ 54
⑥ 31	⑯ 93	㉖ 81
⑦ 94	⑰ 76	㉗ 73
⑧ 17	⑱ 88	㉘ 62
⑨ 99	⑲ 67	㉙ 27
⑩ 26	⑳ 13	㉚ 96

76쪽 B

① 43	⑦ 37	⑬ 58	⑲ 32
② 74	⑧ 93	⑭ 96	⑳ 88
③ 81	⑨ 14	⑮ 15	㉑ 63
④ 69	⑩ 91	⑯ 72	㉒ 56
⑤ 54	⑪ 78	⑰ 44	㉓ 47
⑥ 25	⑫ 46	⑱ 29	㉔ 75

4 Day

77쪽 A

① 28	⑪ 16	㉑ 55
② 13	⑫ 53	㉒ 82
③ 72	⑬ 69	㉓ 31
④ 85	⑭ 37	㉔ 27
⑤ 94	⑮ 42	㉕ 36
⑥ 33	⑯ 91	㉖ 79
⑦ 66	⑰ 18	㉗ 98
⑧ 47	⑱ 77	㉘ 14
⑨ 22	⑲ 25	㉙ 49
⑩ 51	⑳ 64	㉚ 43

78쪽 B

① 85	⑦ 25	⑬ 93	⑲ 43
② 91	⑧ 37	⑭ 29	⑳ 45
③ 12	⑨ 58	⑮ 71	㉑ 84
④ 46	⑩ 64	⑯ 34	㉒ 19
⑤ 28	⑪ 16	⑰ 56	㉓ 77
⑥ 79	⑫ 82	⑱ 62	㉔ 88

5 Day

79쪽 A

① 36	⑪ 52	㉑ 93
② 16	⑫ 79	㉒ 46
③ 83	⑬ 26	㉓ 18
④ 29	⑭ 33	㉔ 29
⑤ 71	⑮ 88	㉕ 55
⑥ 62	⑯ 41	㉖ 38
⑦ 48	⑰ 67	㉗ 74
⑧ 57	⑱ 15	㉘ 91
⑨ 24	⑲ 94	㉙ 66
⑩ 35	⑳ 87	㉚ 72

80쪽 B

① 53	⑦ 82	⑬ 26	⑲ 44
② 99	⑧ 36	⑭ 74	⑳ 59
③ 45	⑨ 48	⑮ 15	㉑ 81
④ 78	⑩ 27	⑯ 93	㉒ 62
⑤ 19	⑪ 94	⑰ 68	㉓ 75
⑥ 64	⑫ 87	⑱ 38	㉔ 86

7단계

단계

(몇십몇)+(몇), (몇십몇)−(몇)

7단계에서 배우는 (두 자리 수)±(한 자리 수)는 자릿값이 같은 수끼리 계산하는 원리를 이해하는 것이 중요합니다. 수 모형을 이용하여 '32 + 4'는 (십 모형 3개, 일 모형 2개)와 (일 모형 4개)를 더하는 것이므로 (십 모형 3개, 일 모형 6개)로 36이 됨을 알려 주세요. 7단계가 탄탄히 다져져야 9단계에서 실수를 하지 않습니다.

지도가이드

---

1 Day

83쪽 Ⓐ

① 27	⑦ 89	⑬ 45	⑲ 50
② 17	⑧ 69	⑭ 16	⑳ 70
③ 38	⑨ 16	⑮ 87	㉑ 90
④ 77	⑩ 85	⑯ 21	㉒ 54
⑤ 58	⑪ 38	⑰ 34	㉓ 14
⑥ 46	⑫ 96	⑱ 63	㉔ 76

84쪽 Ⓑ

① 39	⑪ 59	㉑ 64
② 17	⑫ 79	㉒ 49
③ 85	⑬ 27	㉓ 58
④ 29	⑭ 35	㉔ 28
⑤ 76	⑮ 87	㉕ 37
⑥ 82	⑯ 43	㉖ 37
⑦ 60	⑰ 65	㉗ 41
⑧ 11	⑱ 12	㉘ 24
⑨ 22	⑲ 90	㉙ 73
⑩ 52	⑳ 83	㉚ 95

---

2 Day

85쪽 Ⓐ

① 36	⑦ 57	⑬ 21	⑲ 53
② 48	⑧ 66	⑭ 36	⑳ 62
③ 59	⑨ 79	⑮ 50	㉑ 74
④ 65	⑩ 24	⑯ 64	㉒ 23
⑤ 89	⑪ 19	⑰ 41	㉓ 93
⑥ 28	⑫ 84	⑱ 12	㉔ 81

86쪽 Ⓑ

① 29	⑪ 19	㉑ 34
② 19	⑫ 57	㉒ 67
③ 77	⑬ 69	㉓ 48
④ 89	⑭ 39	㉔ 29
⑤ 96	⑮ 49	㉕ 54
⑥ 53	⑯ 92	㉖ 91
⑦ 26	⑰ 16	㉗ 84
⑧ 12	⑱ 70	㉘ 41
⑨ 74	⑲ 22	㉙ 55
⑩ 61	⑳ 65	㉚ 34

3 Day

87쪽 Ⓐ

① 14	⑦ 88	⑬ 24	⑲ 62
② 29	⑧ 66	⑭ 34	⑳ 41
③ 39	⑨ 19	⑮ 46	㉑ 23
④ 77	⑩ 89	⑯ 70	㉒ 81
⑤ 55	⑪ 36	⑰ 55	㉓ 22
⑥ 45	⑫ 96	⑱ 96	㉔ 50

88쪽 Ⓑ

① 56	⑪ 37	㉑ 38
② 74	⑫ 89	㉒ 98
③ 49	⑬ 19	㉓ 18
④ 66	⑭ 57	㉔ 97
⑤ 87	⑮ 46	㉕ 29
⑥ 21	⑯ 96	㉖ 84
⑦ 51	⑰ 72	㉗ 35
⑧ 11	⑱ 81	㉘ 22
⑨ 45	⑲ 60	㉙ 72
⑩ 71	⑳ 16	㉚ 62

4 Day

89쪽 Ⓐ

① 49	⑦ 57	⑬ 51	⑲ 17
② 89	⑧ 67	⑭ 26	⑳ 31
③ 29	⑨ 89	⑮ 72	㉑ 22
④ 39	⑩ 29	⑯ 11	㉒ 48
⑤ 98	⑪ 35	⑰ 47	㉓ 52
⑥ 18	⑫ 75	⑱ 60	㉔ 92

90쪽 Ⓑ

① 65	⑪ 88	㉑ 98
② 49	⑫ 97	㉒ 59
③ 29	⑬ 59	㉓ 47
④ 85	⑭ 37	㉔ 26
⑤ 77	⑮ 74	㉕ 78
⑥ 21	⑯ 65	㉖ 43
⑦ 94	⑰ 14	㉗ 93
⑧ 13	⑱ 26	㉘ 62
⑨ 33	⑲ 91	㉙ 33
⑩ 62	⑳ 50	㉚ 11

5 Day

91쪽 Ⓐ

① 27	⑦ 57	⑬ 91	⑲ 55
② 38	⑧ 68	⑭ 77	⑳ 24
③ 52	⑨ 78	⑮ 33	㉑ 76
④ 64	⑩ 27	⑯ 64	㉒ 41
⑤ 46	⑪ 94	⑰ 44	㉓ 57
⑥ 19	⑫ 85	⑱ 11	㉔ 62

92쪽 Ⓑ

① 14	⑪ 72	㉑ 34
② 49	⑫ 86	㉒ 67
③ 59	⑬ 59	㉓ 48
④ 28	⑭ 59	㉔ 67
⑤ 79	⑮ 64	㉕ 98
⑥ 72	⑯ 93	㉖ 54
⑦ 58	⑰ 20	㉗ 61
⑧ 13	⑱ 35	㉘ 70
⑨ 23	⑲ 90	㉙ 32
⑩ 44	⑳ 80	㉚ 81

(몇십)+(몇십), (몇십)-(몇십)

지도가이드

8단계에서 배우는 (몇십)±(몇십)은 몇십의 계산을 통해 십의 자리를 익히고 익숙해지게 하는 활동입니다. 40을 '10이 4개인 수'와 같이 자릿값과 자리의 숫자로 나누어 생각할 수 있게 하고, 같은 자리 수끼리만 더하거나 빼는 방법을 이해하게 합니다.

1 Day

95쪽 A

① 50	⑦ 60	⑬ 40	⑲ 20
② 90	⑧ 80	⑭ 50	⑳ 20
③ 80	⑨ 70	⑮ 10	㉑ 60
④ 90	⑩ 50	⑯ 10	㉒ 30
⑤ 80	⑪ 70	⑰ 70	㉓ 0
⑥ 80	⑫ 90	⑱ 30	㉔ 40

96쪽 B

① 60	⑪ 40	㉑ 90
② 80	⑫ 70	㉒ 40
③ 60	⑬ 50	㉓ 90
④ 90	⑭ 80	㉔ 90
⑤ 70	⑮ 90	㉕ 90
⑥ 20	⑯ 50	㉖ 20
⑦ 20	⑰ 70	㉗ 30
⑧ 40	⑱ 20	㉘ 60
⑨ 10	⑲ 50	㉙ 10
⑩ 0	⑳ 30	㉚ 20

2 Day

97쪽 A

① 70	⑦ 90	⑬ 20	⑲ 40
② 80	⑧ 60	⑭ 10	⑳ 50
③ 70	⑨ 80	⑮ 70	㉑ 60
④ 80	⑩ 80	⑯ 0	㉒ 60
⑤ 90	⑪ 60	⑰ 60	㉓ 30
⑥ 70	⑫ 90	⑱ 30	㉔ 20

98쪽 B

① 90	⑪ 90	㉑ 80
② 60	⑫ 60	㉒ 70
③ 40	⑬ 90	㉓ 80
④ 70	⑭ 20	㉔ 90
⑤ 90	⑮ 80	㉕ 80
⑥ 60	⑯ 20	㉖ 10
⑦ 40	⑰ 10	㉗ 30
⑧ 20	⑱ 30	㉘ 50
⑨ 20	⑲ 80	㉙ 30
⑩ 40	⑳ 40	㉚ 20

3 Day

99쪽 Ⓐ

① 80	⑦ 60	⑬ 70	⑲ 60
② 90	⑧ 40	⑭ 10	⑳ 0
③ 70	⑨ 90	⑮ 30	㉑ 40
④ 70	⑩ 90	⑯ 20	㉒ 60
⑤ 70	⑪ 80	⑰ 30	㉓ 20
⑥ 80	⑫ 60	⑱ 40	㉔ 40

100쪽 Ⓑ

① 80	⑪ 80	㉑ 70
② 60	⑫ 90	㉒ 70
③ 90	⑬ 60	㉓ 90
④ 40	⑭ 70	㉔ 90
⑤ 40	⑮ 70	㉕ 80
⑥ 30	⑯ 20	㉖ 30
⑦ 60	⑰ 20	㉗ 80
⑧ 60	⑱ 20	㉘ 20
⑨ 20	⑲ 40	㉙ 40
⑩ 0	⑳ 40	㉚ 20

4 Day

101쪽 Ⓐ

① 80	⑦ 50	⑬ 60	⑲ 20
② 80	⑧ 70	⑭ 30	⑳ 10
③ 80	⑨ 90	⑮ 70	㉑ 30
④ 80	⑩ 60	⑯ 0	㉒ 60
⑤ 20	⑪ 60	⑰ 30	㉓ 20
⑥ 90	⑫ 60	⑱ 30	㉔ 40

102쪽 Ⓑ

① 60	⑪ 80	㉑ 70
② 80	⑫ 90	㉒ 90
③ 80	⑬ 90	㉓ 90
④ 40	⑭ 70	㉔ 90
⑤ 50	⑮ 30	㉕ 70
⑥ 30	⑯ 20	㉖ 50
⑦ 20	⑰ 20	㉗ 40
⑧ 40	⑱ 80	㉘ 40
⑨ 30	⑲ 10	㉙ 30
⑩ 40	⑳ 10	㉚ 70

5 Day

103쪽 Ⓐ

① 70	⑦ 90	⑬ 20	⑲ 70
② 90	⑧ 60	⑭ 40	⑳ 30
③ 50	⑨ 90	⑮ 40	㉑ 20
④ 60	⑩ 80	⑯ 40	㉒ 40
⑤ 80	⑪ 90	⑰ 30	㉓ 20
⑥ 60	⑫ 60	⑱ 30	㉔ 60

104쪽 Ⓑ

① 80	⑪ 50	㉑ 90
② 40	⑫ 90	㉒ 60
③ 80	⑬ 70	㉓ 80
④ 60	⑭ 90	㉔ 90
⑤ 40	⑮ 20	㉕ 50
⑥ 70	⑯ 60	㉖ 40
⑦ 10	⑰ 80	㉗ 10
⑧ 50	⑱ 30	㉘ 10
⑨ 40	⑲ 20	㉙ 10
⑩ 10	⑳ 30	㉚ 50

9단계

(몇십몇)+(몇십몇), (몇십몇)−(몇십몇)

9단계에서는 받아올림과 받아내림이 없는 (두 자리 수)±(두 자리 수)를 익힙니다.
B형 가로셈에서 같은 자리끼리 계산하는 것을 어려워하는 경우에는 A형처럼 세로셈으로 다시 써 보게 한 후 같은 자리끼리 계산해야 한다는 것을 일깨워 주세요.

지도가이드

1 Day

107쪽 Ⓐ

① 81	⑦ 66	⑬ 76	⑲ 62
② 75	⑧ 47	⑭ 19	⑳ 11
③ 79	⑨ 47	⑮ 30	㉑ 46
④ 86	⑩ 98	⑯ 2	㉒ 60
⑤ 88	⑪ 75	⑰ 32	㉓ 21
⑥ 86	⑫ 68	⑱ 43	㉔ 41

108쪽 Ⓑ

① 81	⑪ 89	㉑ 69
② 84	⑫ 89	㉒ 78
③ 98	⑬ 68	㉓ 97
④ 29	⑭ 79	㉔ 96
⑤ 49	⑮ 47	㉕ 87
⑥ 30	⑯ 26	㉖ 0
⑦ 60	⑰ 21	㉗ 83
⑧ 63	⑱ 20	㉘ 25
⑨ 20	⑲ 44	㉙ 41
⑩ 2	⑳ 42	㉚ 24

2 Day

109쪽 Ⓐ

① 59	⑦ 88	⑬ 11	⑲ 21
② 89	⑧ 84	⑭ 51	⑳ 40
③ 73	⑨ 77	⑮ 10	㉑ 43
④ 67	⑩ 76	⑯ 56	㉒ 4
⑤ 58	⑪ 67	⑰ 21	㉓ 22
⑥ 98	⑫ 95	⑱ 41	㉔ 16

110쪽 Ⓑ

① 98	⑪ 99	㉑ 56
② 47	⑫ 66	㉒ 88
③ 59	⑬ 95	㉓ 78
④ 94	⑭ 77	㉔ 79
⑤ 86	⑮ 39	㉕ 66
⑥ 22	⑯ 32	㉖ 51
⑦ 25	⑰ 42	㉗ 35
⑧ 12	⑱ 81	㉘ 12
⑨ 30	⑲ 12	㉙ 54
⑩ 23	⑳ 31	㉚ 1

3 Day

111쪽 Ⓐ

① 96	⑦ 56	⑬ 21	⑲ 53
② 99	⑧ 78	⑭ 64	⑳ 11
③ 99	⑨ 84	⑮ 46	㉑ 33
④ 47	⑩ 98	⑯ 21	㉒ 5
⑤ 88	⑪ 83	⑰ 43	㉓ 55
⑥ 68	⑫ 97	⑱ 30	㉔ 12

112쪽 Ⓑ

① 66	⑪ 66	㉑ 82
② 69	⑫ 99	㉒ 97
③ 47	⑬ 79	㉓ 39
④ 94	⑭ 58	㉔ 86
⑤ 69	⑮ 95	㉕ 98
⑥ 83	⑯ 43	㉖ 21
⑦ 30	⑰ 12	㉗ 57
⑧ 13	⑱ 41	㉘ 35
⑨ 54	⑲ 6	㉙ 21
⑩ 46	⑳ 41	㉚ 24

4 Day

113쪽 Ⓐ

① 97	⑦ 89	⑬ 51	⑲ 13
② 69	⑧ 87	⑭ 14	⑳ 10
③ 96	⑨ 51	⑮ 54	㉑ 23
④ 73	⑩ 77	⑯ 40	㉒ 42
⑤ 87	⑪ 69	⑰ 21	㉓ 22
⑥ 79	⑫ 99	⑱ 9	㉔ 43

114쪽 Ⓑ

① 78	⑪ 73	㉑ 53
② 99	⑫ 84	㉒ 97
③ 96	⑬ 98	㉓ 55
④ 67	⑭ 88	㉔ 64
⑤ 89	⑮ 45	㉕ 97
⑥ 0	⑯ 7	㉖ 34
⑦ 12	⑰ 21	㉗ 13
⑧ 12	⑱ 44	㉘ 23
⑨ 51	⑲ 30	㉙ 41
⑩ 44	⑳ 53	㉚ 13

5 Day

115쪽 Ⓐ

① 86	⑦ 48	⑬ 51	⑲ 30
② 35	⑧ 79	⑭ 24	⑳ 24
③ 89	⑨ 58	⑮ 17	㉑ 81
④ 98	⑩ 52	⑯ 13	㉒ 16
⑤ 96	⑪ 99	⑰ 34	㉓ 55
⑥ 69	⑫ 68	⑱ 11	㉔ 12

116쪽 Ⓑ

① 66	⑪ 68	㉑ 68
② 77	⑫ 59	㉒ 77
③ 99	⑬ 95	㉓ 99
④ 96	⑭ 79	㉔ 45
⑤ 68	⑮ 78	㉕ 88
⑥ 30	⑯ 44	㉖ 25
⑦ 21	⑰ 22	㉗ 21
⑧ 52	⑱ 34	㉘ 12
⑨ 10	⑲ 7	㉙ 11
⑩ 41	⑳ 11	㉚ 36

10단계

1학년 방정식

아이들은 '5 - 2'와 같은 계산은 잘 하지만 '2 + □ = 5'처럼 □가 있는 식에서 □의 값을 구하는 것은 어려워합니다. 그럴 때에는 식을 그림(시소, 저울)이나 말 또는 실생활에서의 상황 등으로 풀어서 충분히 설명해 주세요.

지도가이드

1 Day

119쪽 Ⓐ

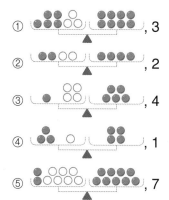

① , 3
② , 2
③ , 4
④ , 1
⑤ , 7

120쪽 Ⓑ

① 2	⑨ 6
② 3	⑩ 3
③ 6	⑪ 3
④ 1	⑫ 1
⑤ 1	⑬ 2
⑥ 5	⑭ 1
⑦ 0	⑮ 7
⑧ 4	⑯ 2

2 Day

121쪽 Ⓐ

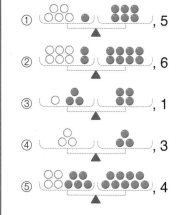

① , 5
② , 6
③ , 1
④ , 3
⑤ , 4

122쪽 Ⓑ

① 2	⑨ 1
② 4	⑩ 3
③ 4	⑪ 2
④ 3	⑫ 4
⑤ 9	⑬ 5
⑥ 8	⑭ 3
⑦ 6	⑮ 1
⑧ 1	⑯ 2

3 Day

123쪽 Ⓐ

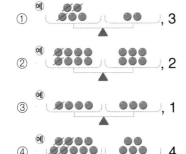

① 예 , 3
② 예 , 2
③ 예 , 1
④ 예 , 4
⑤ 예 , 5

124쪽 Ⓑ

① 4　　⑨ 3
② 1　　⑩ 6
③ 5　　⑪ 7
④ 2　　⑫ 5
⑤ 7　　⑬ 3
⑥ 0　　⑭ 4
⑦ 4　　⑮ 3
⑧ 1　　⑯ 2

4 Day

125쪽 Ⓐ

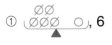

① , 6
② , 8
③ , 7
④ , 2
⑤ , 9

126쪽 Ⓑ

① 9　　⑨ 4
② 2　　⑩ 4
③ 8　　⑪ 9
④ 7　　⑫ 5
⑤ 6　　⑬ 9
⑥ 9　　⑭ 5
⑦ 8　　⑮ 8
⑧ 6　　⑯ 3

5 Day

127쪽 Ⓐ

① 4　　⑨ 8
② 7　　⑩ 6
③ 4　　⑪ 2
④ 0　　⑫ 5
⑤ 8　　⑬ 9
⑥ 5　　⑭ 5
⑦ 2　　⑮ 6
⑧ 4　　⑯ 2

128쪽 Ⓑ

① 예 2+□=4, 2
② 예 □−4=1, 5
③ 예 □+3=5, 2

수고하셨습니다.
다음 단계로 올라갈까요?

기적의 계산법

길벗스쿨

기적의 학습서
" 오늘도 한 뼘 자랐습니다. "